# 世界互联网发展报告 2020

中国网络空间研究院 编著

电子工业出版社
Publishing House of Electronics Industry
北京·BEIJING

## 内 容 简 介

本书客观反映了2020年度世界互联网发展进程、发展现状和发展趋势，深入分析了互联网重点领域的发展新情况、新动态、新趋势，涵盖信息基础设施、信息技术、数字经济、电子政务、互联网媒体、网络安全、网络法治、网络空间国际治理等方面，进一步优化了世界互联网发展指标体系，从6个方面对各大洲重点国家和地区的互联网发展情况进行了综合评价和排名，以期全面、准确、客观地反映世界互联网发展整体态势。

本书汇集了全球互联网领域最新研究成果，内容全面、重点突出，资料翔实、数据权威，对于政府管理部门、互联网企业、科研机构、高校等互联网领域从业人员全面了解和掌握世界互联网发展情况具有重要参考价值。

未经许可，不得以任何方式复制或抄袭本书之部分或全部内容。
版权所有，侵权必究。

**图书在版编目（CIP）数据**

世界互联网发展报告. 2020 / 中国网络空间研究院编著. —北京：电子工业出版社，2020.11
ISBN 978-7-121-39929-9

Ⅰ. ①世… Ⅱ. ①中… Ⅲ. ①互联网络－研究报告－世界－2020 Ⅳ. ①TP393.4

中国版本图书馆 CIP 数据核字（2020）第 219173 号

责任编辑：郭穗娟
印　　刷：天津画中画印刷有限公司
装　　订：天津画中画印刷有限公司
出版发行：电子工业出版社
　　　　　北京市海淀区万寿路 173 信箱　　邮编　100036
开　　本：720×1000　1/16　印张：17.75　字数：284 千字
版　　次：2020 年 11 月第 1 版
印　　次：2020 年 11 月第 1 次印刷
定　　价：198.00 元

凡所购买电子工业出版社图书有缺损问题，请向购买书店调换。若书店售缺，请与本社发行部联系，联系及邮购电话：（010）88254888，88258888。
质量投诉请发邮件至 zlts@phei.com.cn，盗版侵权举报请发邮件至 dbqq@phei.com.cn。
本书咨询联系方式：（010）88254502，guosj@phei.com.cn。

# 前 言

当今世界正经历百年未有之大变局，5G、人工智能、大数据、区块链等新技术引领了全人类需要面对的深层次科技革命和产业革命。一年来，信息技术日新月异，数字经济快速发展，各国利益休戚相关、命运紧密相连。

突如其来的新冠肺炎疫情对全世界是一次严峻考验，这场疫情启示我们，我们生活在一个互联互通、休戚与共的地球村里。各国紧密相连，人类命运与共。任何国家都不能从别国的困难中谋取利益，从他国的动荡中收获稳定。如果以邻为壑、隔岸观火，别国的威胁迟早会变成自己的挑战。我们要树立你中有我、我中有你的命运共同体意识，跳出小圈子和零和博弈思维，树立大家庭和合作共赢理念，摒弃意识形态争论，跨越文明冲突陷阱，相互尊重各国自主选择的发展道路和模式，让世界多样性成为人类社会进步的不竭动力、人类文明多姿多彩的天然形态。

我们组织编撰了《世界互联网发展报告2020》（以下简称《报告》），沿用了往年的指数指标体系，继续对世界互联网发展状况进行评估，总结各国网络信息基础设施建设成就与经验，分析世界信息技术最新成果与具体应用，概述各国数字经济发展新趋势新成就，特别总结了一些主要国家在利用互联网应对新冠疫情中的主要做法与经验，以提供参考借鉴。报告描述了过去一年来世界各国互联网发展的创新技术与具体实践，涵盖信息基础设施、信息技术、数字经济、电子政务、互联网媒体、网络安全、网络法治、国际治理等 8 个方面内容，旨在促进全球互联网发展互联互通、共享共治，让互联网为各国战胜疫情、复工复产提供能力支撑，更好更快地造福各国人民。

《报告》是中国学术界为全球互联网发展与治理提供理论思考与经验分享的重要成果。未来，我们将持续关注世界互联网发展态势和进展，持续提出我们的分析和见解，为加快构建网络空间命运共同体贡献智慧与经验。

中国网络空间研究院

2020 年 10 月

# 目 录

总论 ································································································ 1

**第 1 章 世界信息基础设施建设** ··········································· 59

1.1 概述 ························································································ 59
1.2 基础网络加快演进升级 ·························································· 60
    1.2.1 全球 5G 取得快速发展 ················································ 60
    1.2.2 4G 网络深度覆盖 ························································ 62
    1.2.3 高速宽带网络建设提速 ·············································· 64
    1.2.4 国际网络建设迎来重要发展窗口期 ·························· 65
    1.2.5 空间信息基础设施建设竞争进入白热化 ·················· 67
1.3 应用基础设施平稳发展 ·························································· 69
    1.3.1 全球数据中心数量平稳增长 ······································ 70
    1.3.2 云计算与边缘计算基础设施发展潜力巨大 ·············· 71
    1.3.3 人工智能平台迎来快速发展期 ·································· 72
    1.3.4 区块链发展迎来暴发期 ·············································· 73
    1.3.5 域名市场和 IPv6 建设稳步推进 ································ 74
1.4 新型设施加快全球布局 ·························································· 77
    1.4.1 全球物联网设施加快部署 ·········································· 77
    1.4.2 全球物联网平台加快建设 ·········································· 78
    1.4.3 工业互联网建设取得重大进展 ·································· 80

## 第 2 章  世界信息技术发展 ································· 84

### 2.1  概述 ································································· 84
### 2.2  基础技术 ························································· 85
#### 2.2.1  高性能计算初探百亿亿级 ························· 85
#### 2.2.2  芯片技术面临技术革新 ···························· 88
#### 2.2.3  软件技术加速一体化、智能化发展 ············ 93
### 2.3  前沿热点技术 ··················································· 98
#### 2.3.1  人工智能保持高速发展 ···························· 98
#### 2.3.2  量子信息关键性创新成果不断涌现 ··········· 103
#### 2.3.3  生物计算与存储迎来关键突破 ·················· 106
#### 2.3.4  脑机接口逐步从概念走向原型设计 ············ 108
### 2.4  新技术新应用 ··················································· 112
#### 2.4.1  智慧医疗迎来高速发展 ···························· 112
#### 2.4.2  智能交通应用逐步推广 ···························· 114
#### 2.4.3  智慧家居多样化发展、企业竞争激烈 ········· 116
#### 2.4.4  智能制造加速产业升级 ···························· 117

## 第 3 章  世界数字经济发展 ································· 118

### 3.1  概述 ································································· 118
### 3.2  世界数字经济发展态势 ······································ 119
#### 3.2.1  发展战略更加聚焦 ··································· 119
#### 3.2.2  发展格局基本稳定 ··································· 121
#### 3.2.3  互联网企业迅猛发展 ······························· 123
#### 3.2.4  中美数字经济投融资市场火热 ·················· 124
#### 3.2.5  全球数字贸易发展与隐忧并存 ·················· 124
#### 3.2.6  数字经济助力全球抗疫 ···························· 126

## 3.3 数字产业化稳步发展 ······ 127
### 3.3.1 基础电信业平稳发展 ······ 127
### 3.3.2 电子信息制造业潜力巨大 ······ 129
### 3.3.3 软件和信息技术服务业稳健发展 ······ 132
### 3.3.4 互联网信息内容服务业飞速发展 ······ 135

## 3.4 产业数字化深入推进 ······ 137
### 3.4.1 农业数字化稳步发展 ······ 137
### 3.4.2 制造业数字化持续深入 ······ 139
### 3.4.3 服务业数字化转型升级 ······ 141

## 3.5 金融科技规范与发展并行 ······ 142
### 3.5.1 数字货币发行提上日程 ······ 142
### 3.5.2 数字银行成为发展热点 ······ 143
### 3.5.3 新兴经济体成为发展热土 ······ 143
### 3.5.4 数字金融监管逐渐完善 ······ 144

## 3.6 电子商务保持扩张态势 ······ 144
### 3.6.1 电子商务销售额不断攀升 ······ 144
### 3.6.2 全球市场格局基本稳定 ······ 147

# 第4章 世界电子政务发展 150

## 4.1 概述 ······ 150

## 4.2 世界电子政务的前沿探索 ······ 151
### 4.2.1 电子政务涌现的技术应用创新 ······ 151
### 4.2.2 电子政务驱动服务模式创新 ······ 153
### 4.2.3 电子政务催生的治理协同创新 ······ 155

## 4.3 世界电子政务的实践评价 ······ 157
### 4.3.1 综合性电子政务评价 ······ 157
### 4.3.2 政务基础设施 ······ 159
### 4.3.3 政府数据开放 ······ 162

    4.3.4 在线服务水平 ································································· 165

    4.3.5 数字素养水平 ································································· 166

  4.4 年度热点：疫情下的电子政务 ························································ 169

    4.4.1 世界卫生组织在疫情防控中的电子政务应用 ························ 169

    4.4.2 欧洲多国发起"黑客马拉松"赛事，协同抗疫 ························ 171

    4.4.3 德国和意大利平衡个人行程追踪与隐私保护 ························ 172

    4.4.4 新加坡开展基于数据的精细化抗疫管理 ································ 174

    4.4.5 韩国积极开发疫情期间移动应用程序，提供服务 ··················· 176

## 第 5 章 世界互联网媒体发展 ················································································ 178

  5.1 概述 ······································································································· 178

  5.2 世界互联网媒体发展格局 ····································································· 179

    5.2.1 数字媒体呈现多元发展态势 ················································ 179

    5.2.2 前沿技术应用场景日益丰富 ················································ 185

  5.3 疫情中世界互联网媒体冲突与合作并存 ·············································· 188

    5.3.1 新冠肺炎疫情中的"信息疫情"暴发 ···································· 189

    5.3.2 疫情推动全球数字合作进程 ················································ 191

    5.3.3 新冠肺炎疫情中世界互联网媒体的价值分歧 ························ 193

  5.4 世界互联网媒体热点议题 ····································································· 194

    5.4.1 计算式宣传影响世界互联网生态 ········································ 195

    5.4.2 数字媒体全能化发展趋势明显 ············································ 196

    5.4.3 跨国互联网合作日益深入 ···················································· 197

    5.4.4 互联网媒体内容分发走向精细化 ········································ 199

## 第 6 章 世界网络安全发展 ························································································ 201

  6.1 概述 ······································································································· 201

  6.2 世界网络空间安全形势发展进入新阶段 ·············································· 202

    6.2.1 网络空间演进给网络安全带来新变化 ································· 202

6.2.2　大国竞合博弈给网络安全带来新挑战 ·············· 203
　　　6.2.3　疫情给网络安全增添新变数 ······················· 204
　6.3　世界网络安全威胁呈现新特点 ····························· 205
　　　6.3.1　网络安全攻击威胁态势 ···························· 206
　　　6.3.2　重点平台和领域网络安全威胁态势 ··············· 212
　6.4　世界各国网络安全政策制定迈出新步伐 ·················· 215
　　　6.4.1　网络安全战略制定总体情况 ······················ 215
　　　6.4.2　数据安全保护力度持续加大 ······················ 216
　　　6.4.3　关键信息基础设施保护不断加强 ················· 217
　　　6.4.4　积极制定技术领域政策 ···························· 218
　6.5　世界网络安全技术发展新趋势 ····························· 219
　　　6.5.1　零信任架构越来越多 ······························· 219
　　　6.5.2　网络安全中人的因素日益突出 ···················· 220
　　　6.5.3　智能手段更多用于解决网络安全问题 ············ 220
　6.6　网络安全产业持续发展 ····································· 221
　　　6.6.1　世界网络安全产业规模稳步增长 ················· 221
　　　6.6.2　网络安全产业发展逐步推进 ······················ 222
　　　6.6.3　网络安全产业生态体系建设情况 ················· 224
　6.7　网络安全人才培养新需求 ·································· 225
　　　6.7.1　当前世界网络安全人才和技能短缺依然严峻 ···· 225
　　　6.7.2　加强网络安全人才培养的新举措 ················· 229

# 第7章　世界网络法治建设 ············································ 230
　7.1　概述 ······························································ 230
　7.2　个人信息保护立法工作深入推进，探索行业数据特殊规则的制定· 231
　　　7.2.1　立法内容向纵深发展，具体规则持续完善 ······ 231
　　　7.2.2　信息保护基本原则不变，对疫情数据设置例外情形 ······ 233
　　　7.2.3　数据泄露事件频发，行政处罚力度上升 ········· 236

7.3 加强网络平台规制，净化网络平台环境 ……………………………………… 237
 7.3.1 规范网络平台竞争手段，维护平台自由竞争秩序 ………………… 237
 7.3.2 保障消费者选择空间，明确平台信息发布规则 …………………… 238
 7.3.3 强化网络内容监管，净化网络平台环境 …………………………… 239
7.4 推动网络安全立法进程，完善网络安全保障体制 …………………………… 240
 7.4.1 建立网络安全部门，吸纳社会力量参与 …………………………… 241
 7.4.2 完善网络安全体系，供应链安全备受重视 ………………………… 242
 7.4.3 长臂管辖频繁运用，引发国际关注 ………………………………… 243
7.5 新技术新业态加速迭代，风险防范机制逐步完善 …………………………… 244
 7.5.1 数字支付立法持续完善，区块链法律监管渐成重心 ……………… 245
 7.5.2 绘制人工智能发展蓝图，构造人工智能伦理规范 ………………… 246
 7.5.3 物联网产业开启新局面，安全保障规则初步形成 ………………… 247

# 第8章 网络空间国际治理状况 ……………………………………………………… 250

8.1 概述 ……………………………………………………………………………… 250
8.2 网络空间国际治理年度突出特征 ……………………………………………… 251
 8.2.1 疫情加剧网络空间国际治理的不确定性和脆弱性 ………………… 251
 8.2.2 地缘政治深刻影响网络空间国际治理的走向 ……………………… 252
 8.2.3 网络空间国际治理模式面临调整变革 ……………………………… 252
8.3 网络空间国际治理议题新进展 ………………………………………………… 253
 8.3.1 国际治理规则继续推进 ……………………………………………… 254
 8.3.2 数字经济规则博弈激烈 ……………………………………………… 255
 8.3.3 网络内容治理渐成共识 ……………………………………………… 256
 8.3.4 信息技术治理与标准制定继续推进 ………………………………… 256
 8.3.5 信息通信技术供应链安全治理讨论加深 …………………………… 257
 8.3.6 国际社会努力弥合数字鸿沟 ………………………………………… 259
8.4 部分代表性国家和地区的网络空间国家治理情况 …………………………… 259
 8.4.1 美国 …………………………………………………………………… 260

| | | |
|---|---|---|
| 8.4.2 | 中国 | 261 |
| 8.4.3 | 俄罗斯 | 262 |
| 8.4.4 | 欧盟 | 263 |
| 8.4.5 | 日本 | 264 |
| 8.4.6 | 英国 | 265 |
| 8.4.7 | 法国 | 266 |
| 8.4.8 | 德国 | 266 |
| 8.4.9 | 印度 | 267 |
| 8.4.10 | 澳大利亚 | 268 |
| 8.4.11 | 拉美地区 | 268 |
| 8.4.12 | 非洲地区 | 269 |

**后记** ································································· 271

# 总　论

## 一、2020年世界互联网发展总体态势

当今世界正经历百年未有之大变局，互联网发展也面临着新的机遇与挑战。2020年，新冠肺炎疫情在全球范围内暴发与蔓延，给全球经济社会带来巨大冲击，互联网的重要性愈发凸显，数字经济成为对冲疫情影响、重塑经济体系和提升治理能力的重要力量。世界各国大力推进以5G、人工智能、物联网等为代表的信息基础设施建设。以新一代信息技术为代表的新一轮科技革命和产业变革加速演进。全球经济进一步向数字化转型升级，数字技术强势崛起，带动产业深度融合。互联网媒体多元化发展，网络内容更加丰富多样，网络文化的交流与碰撞加速。世界各国高度重视网络安全防护建设，不断完善本国互联网领域法律体系，不断强化互联网治理，网络安全产业得到进一步发展。

我们也要看到，世界互联网未来发展方向不确定性增加。单边主义和贸易保护主义上升，全球技术创新交流与合作、产业链与供应链遭到限制与破坏，信息基础设施研发与建设步伐放缓。新冠肺炎疫情暴发期间，网上虚假信息与恶意信息大量增长，数据和个人隐私安全令人担忧。信息技术迭代发展中衍生新的治理难题，网络空间军事化态势愈发明显，给互联网国际治理带来更多挑战，网络空间全球治理体系亟待探索和推

进。面对国际形势的深刻变化以及新冠肺炎疫情的影响，国际社会应发展好、运用好、治理好互联网，让互联网更好地造福人类。世界各国应顺应时代潮流，勇担发展责任，共迎风险挑战，共同推进网络空间全球治理，努力推动构建网络空间命运共同体。

## （一）新冠肺炎疫情冲击全球经济社会发展，数字经济被视为全球经济复苏新引擎

2020年，全球格局变化叠加新冠肺炎疫情影响，世界经济下行压力持续加大。世界贸易组织（WTO）预测，2020年全球贸易将缩减13%～32%；国际货币基金组织（IMF）预测，2020年全球经济将萎缩4.4%。

新冠肺炎疫情的暴发加速全球经济向数字化过渡，数字经济可能成为对冲疫情冲击、重塑经济体系和提升治理能力的关键力量。联合国贸易和发展会议发布的《2019年数字经济报告》指出，根据定义的不同，数字经济的规模估计为世界国内生产总值的4.5%～15.5%。从世界范围数字经济发展实践来看，一年来，各国不断推进数字产业化和产业数字化，促进数字经济与实体经济融合发展。基础电信与电子信息制造业市场继续增长，大数据、人工智能、区块链等信息技术服务业持续发展，互联网信息内容服务业高速发展；制造业数字化进一步深化，服务业数字化转型升级加速，农业数字化稳步发展，金融科技与电子商务深化发展。发展数字经济已经成为世界各国发展经济、推动经济复苏的重要方向。

## （二）互联网媒体多元化发展，各国不断加强网络内容治理

2020年，世界互联网媒体发展更加多元，用户数量持续增加且活跃度不断提高。新兴数字媒体平台不断涌现，流媒体和数字娱乐技术日新月异，数字出版和网络文学市场份额不断扩大，信息技术在媒体领域的应用场景日益丰富。但是新媒体新技术新应用在拓展人们交流空间、提供丰富文化资源的同时，也深刻改变着网络舆论生态和信息传播规律，给网络内容治理带来巨大挑战。特别是疫情期间，虚假信息、网络暴恐问题层出不穷、变化多样，严重影响社会秩序与日常生活。联合国秘书长安东尼奥·古特雷斯指出，关于疫情的错误、虚假信息不断扩散，对全世界人们的生产和生活产生了直接影响。联合国教科文组织在近期的研究报告中将这种虚假信息加剧疫情传播的现象称为"信息疫情"[1]。

加强网络内容治理已成为全球共识。越来越多的国家开始采用立法、技术等手段强化社交平台内容监管，维护良好网络生态。例如，英国发布了《网络危害》白皮书，建议通过立法加强对社交媒体等网络平台的监管；加拿大发布了《数字宪章》，对虚假新闻和仇恨言论问题加强管理；新加坡通过了《防止网络假信息和网络操纵法案》，旨在对恶意散播信息、企图损害公共利益的平台和个人予以处罚。

---

[1] https://en.unesco.org/sites/default/files/disinfodemic_deciphering_covid19_disinformation.pdf

## （三）世界各国积极布局新型基础设施，信息基础设施建设加速推进

2020年，以5G、人工智能、物联网、工业互联网为代表的新型基础设施建设加速推进。5G进入全面商用新阶段，世界各国积极布局5G网络，5G终端生态系统不断丰富，用户规模迅速扩大，5G频谱分配落地细化。全球数据中心平稳增长，云计算竞争格局加剧，区块链发展不断加快。各国不断强化人工智能基础设施布局，加大人工智能平台投入，人工智能建设迎来快速发展期。全球积极推进IPv6商用部署，IPv6分配数量持续增加。全球物联网平台市场持续活跃，各国积极布局工业领域数字化建设。

与此同时，世界各国已开始投入研发下一代信息基础设施。以美国、中国、日本、韩国、芬兰等为代表的国家已相继布局6G技术的研发。此外，各国在卫星互联网、量子网络、更广泛的物联网等领域的投入也逐渐增多，并将其作为重点战略发展方向，加速经济社会各领域行业转型升级。

## （四）新兴互联网技术创新活跃，多国致力消弭数字鸿沟

当前，新一轮科技革命和产业变革加速演进，互联网新技术新应用新业态方兴未艾，全球主要经济体和各大企业持续布局、加大投入，促进新兴互联网技术进一步发展。根据欧盟发布的《2019欧盟工业研发投资记分牌》，全球研发投入排名前2500位的公司仍在持续加大投入互联网技术，研发方向主要集中在信息通信技术（ICT）和医疗健康领域，全

球互联网技术创新比较活跃，不断推进经济社会快速发展。

在全球发展面临巨大挑战的背景下，一些国家及企业加强合作，致力于消除"数字鸿沟"。国际电信联盟（ITU）的调查数据显示，目前全球已有41亿人获得互联网服务，但仍有大约36亿人处于"离线"状态，且其中大多数都生活在最不发达国家。发达国家的互联网普及率达87%，而普及率最低的非洲仅为28.2%[1]。

中国积极倡导"数字丝绸之路"，在弥合全球数字鸿沟中发挥了重要作用。截至2019年6月，中国已与16个国家签署了关于加强"数字丝绸之路"建设合作的谅解备忘录，与19个国家签署了双边电子商务合作谅解备忘录。2020年5月，中国移动联合脸书与南非、法国、沙特阿拉伯、埃及等国家的电信公司宣布合作铺设2Africa海底光缆，以服务非洲大陆和中东地区，该项目是非洲大陆覆盖面最广的海底光缆。"支付宝"也开始在欧洲和亚洲40多个国家建立直接业务或通过当地支付平台运营业务。

## （五）网络安全威胁问题越发突出，各国不断加强网络安全防护

信息技术快速发展的背景下，网络安全问题越发突出。世界各国持续强化网络安全防护能力，不断加大网络安全领域的投入力度，但安全技术发展仍落后于恶意使用数字技术的步伐。例如，网络威胁的频率、影响和复杂性都在不断升级[2]，高级可持续威胁（Advanced Persistent

---

[1] 国际电联：全球52%的女性未能使用互联网 数字性别鸿沟正在扩大，见 https://news.un.org/zh/story/2019/11/1044991。

[2] 世界经济论坛：《为什么必须把网络安全当作公共产品来对待》，2019年8月，见 https://www.weforum.org/agenda/2019/08/we-must-treat-cybersecurity-like-public-good/。

Threat，APT）攻击、恶意软件、数据泄露、勒索病毒等网络安全问题在全球频繁发生，网络安全威胁逐渐呈现出多层次、多维度、多领域交叠的状态。

世界各国纷纷把网络安全作为重要国家战略，陆续出台网络安全相关战略规划。例如，美国制定了《国家安全和个人数据保护法（草案）》，波兰发布了《波兰网络安全战略（2019—2024）》，巴西发布了《国家网络安全战略（2020—2023）》，新加坡发布了《操作技术网络安全总体规划》，爱尔兰发布了《2019—2024年国家网络安全战略》，等等。但是随着网络安全在各国安全中战略地位的提升，网络空间军事化趋势越发激烈，大多数国家面对的不对称威胁、单边透明威胁、霸权主义威胁不断加剧，亟须制定受各国认可的全球性网络安全规则。

鉴于此，2020年9月，中国在"抓住数字机遇，共谋合作发展"国际研讨会上提出《全球数据安全倡议》，倡议共同维护数据安全，强调各方应在相互尊重基础上，加强沟通交流，深化对话与合作，共同构建和平、安全、开放、合作、有序的网络空间命运共同体。

## （六）互联网助力世界各国交流与合作，网络空间国际治理亟待探索和推进

面对互联网发展带来的一系列新问题新挑战，加强网络空间国际合作、共同应对互联网风险与挑战已成为国际社会的广泛共识。世界各国持续加强沟通交流，深化对话与合作，不断提升网络空间治理水平和能力，共同构建和平、安全、开放、合作、有序的网络空间命运共同体。网络主权得到越来越多国家的广泛认同，各国积极寻找适合多边发展的

互联网发展治理规则和方式，进一步发挥国家在维护网络空间秩序和安全方面的重要作用，推动全球互联网治理朝着更加公正合理的方向迈进。

疫情期间，互联网在促进世界各国的交流与合作以及各国经济发展中发挥了重要作用。2020年3月，联合国安理会史上首次举行视频会议，审议相关问题。2020年5月，第73届世界卫生大会以网络远程会议形式举行，呼吁加强国际合作共同抗击新冠疫情。2020年9月，中国国际服务贸易交易会召开，以"全球服务，互惠共享"为主题，强调各国要顺应数字化、网络化、智能化发展趋势，共同致力于消除"数字鸿沟"。

但必须看到，国际格局和世界秩序的深度调整和变化，加上疫情在全球暴发，加剧了网络空间国际治理的不确定性和脆弱性。疫情或将导致各国对网络空间国际治理的关注和资源投入减少，地缘政治将深刻影响网络空间国际治理走向，网络空间国际治理模式面临调整变革。因此，为了实现网络空间平等尊重、创新发展、开放共享、安全有序的目标，更需要各国顺应时代潮流，勇担发展责任，共迎风险挑战，共同推进网络空间全球治理，努力推动构建网络空间命运共同体。

## 二、主要国家互联网发展情况评估

《世界互联网发展报告》在2017年设立了世界互联网发展指数指标体系。2020年度指标体系选定五大洲互联网发展具有代表性的48个国家进行分析，反映当前各大洲和世界主要国家的互联网最新发展状况。这48个国家具体名单如下：

美洲的美国、加拿大、巴西、阿根廷、墨西哥、智利、古巴。亚洲的中国、日本、韩国、印度尼西亚、印度、沙特阿拉伯、土耳其、阿拉伯联合酋长国（简称阿联酋）、马来西亚、新加坡、泰国、以色列、哈萨克斯坦、越南、巴基斯坦、伊朗。

欧洲的英国、法国、德国、意大利、俄罗斯、爱沙尼亚、芬兰、挪威、西班牙、瑞士、丹麦、荷兰、葡萄牙、瑞典、乌克兰、波兰、爱尔兰、比利时。

大洋洲的澳大利亚、新西兰。

非洲的南非、埃及、肯尼亚、尼日利亚、埃塞俄比亚。

## （一）指数构建

世界互联网发展指数从基础设施、创新能力、产业发展、互联网应用、网络安全、网络治理 6 个方面综合地测量和反映一个国家的互联网发展水平。过去两年的指标体系均包含 6 个一级指标、12～15 个二级指标和若干个三级指标。在前两年研究的基础上，考虑到各项指标元数据的可获取性，2020 年的世界互联网发展指数延续了 6 个一级指标的设置，保留了 17 个二级指标和 34 个三级指标，调整了部分二级指标和三级指标。

## （二）指标体系

基础设施、创新能力、产业发展、互联网应用、网络安全和网络治理情况等是影响互联网发展的主要因素，这几个因素的权重基本与 2019 年保持一致，所用数据来源略有调整。世界互联网发展指标体系如总论表 1 所示。

总论表1 世界互联网发展指标体系

| 一级指标 | 二级指标 | 三级指标 | 指标说明 | 数据来源 |
|---|---|---|---|---|
| 1. 基础设施 | 1.1 固定基础设施 | 1.1.1 固定宽带网络平均下载速率 | 反映各国固定宽带用户在某段时间内进行网络下载的平均速率 | 全球数字报告（Global Web Index等机构）统计（2019年） |
| | | 1.1.2 IPv6 | 反映IPv6的部署情况 | 2020全球IPv6支持度白皮书 |
| | 1.2 移动基础设施 | 1.2.1 移动宽带网络平均下载速率 | 反映各国移动宽带用户在某段时间内进行网络下载的平均速率 | 全球数字报告（Global Web Index等机构）统计（2019年） |
| | | 1.2.2 移动网络基础设施 | 反映各国移动网络基础设施的建设情况 | 全球数字报告（Global Web Index等机构）统计（2019年） |
| | | 1.2.3 移动网络资费负担 | 反映移动网络资费在国民总收入中的占比 | 国际电联数据库（2019年） |
| | 1.3 应用基础设施 | 1.3.1 超级计算机数量 | 反映不同国家超级计算机数量 | 国际TOP500组织（2019年） |
| 2. 创新能力 | 2.1 ICT专利申请 | 2.1.1 ICT专利申请数量 | 反映各国申请信息通信技术（ICT）专利的水平及能力 | 经济合作与发展组织数据库（2017年） |
| | 2.2 创新发展能力 | 2.2.1 研发投入在GDP中的占比 | 反映各国研发投入在GDP中的占比 | 世界银行（2016年） |
| | | 2.2.2 创新动力 | 反映各国在发展多样化、研发、创新成果市场化等方面的创新情况 | 世界经济论坛（2019年） |
| | 2.3 创新潜力 | 2.3.1 拥有数字技能人才的占比 | 反映各国拥有数字技能的人才在总人口中的占比 | 世界经济论坛（2019年） |
| 3. 产业发展 | 3.1 产业发展环境 | 3.1.1 知识产权保护 | 反映各国保护知识产权的程度 | 世界经济论坛统计（2018年） |
| | | 3.1.2 参与全球化的能力 | 从经济、社会、政治维度反映各国参与全球化的水平 | 瑞士经济研究所（2019年） |
| | 3.2 数字产业 | 3.2.1 ICT附加值占比 | 反映各国ICT产业附加值在GDP的占比 | 联合国贸易和发展会议（2017年） |
| | | 3.2.2 ICT服务出口占比 | 反映各国信息通信服务出口规模占国内服务出口规模的比例 | 世界银行"世界发展指数"（WDI）统计（2018年） |

续表

| 一级指标 | 二级指标 | 三级指标 | 指标说明 | 数据来源 |
| --- | --- | --- | --- | --- |
| 3.产业发展 | 3.2 数字产业 | 3.2.3 ICT 产品出口占比 | 反映各国信息通信产品出口规模占国内产品出口规模的比例 | 世界银行"世界发展指数"（WDI）统计（2018年） |
| | | 3.2.4 拥有数字产业独角兽公司的数量 | 反映各国拥有市值 10 亿美元以上数字产业公司的数量 | CB Insights 公司统计（2020 年） |
| | | 3.2.5 移动应用程序创造量 | 反映各国移动应用程序的创造情况 | 国际货币基金组织统计（2019 年） |
| | 3.3 数字产业的经济效应 | 3.3.1 企业数字化转型程度 | 反映各国利用信息通信技术改善商业模式的程度 | 世界经济论坛统计（2018 年） |
| | | 3.3.2 数字经济对新型组织模式的影响 | 反映各国利用信息通信技术改善组织模式的程度，比如组建虚拟团队、远程办公等 | 世界经济论坛统计（2018 年） |
| 4. 互联网应用 | 4.1 个人应用 | 4.1.1 互联网使用人数 | 反映各国网民总数量 | 全球数字报告（Global Web Index 等机构）统计（2019 年） |
| | | 4.1.2 社交媒体上网时长 | 反映各国社交媒体的上网时长 | 全球数字报告（Global Web Index 等机构）统计（2019 年） |
| | | 4.1.3 在线活跃度 | 评估各国国际顶级域名、国家和地区顶级域名、维基百科编辑数量 | ZookNIC、联合国等联合统计（2019 年） |
| | 4.2 企业应用 | 4.2.1 信息通信技术在 B2B 交易方面的应用 | 反映各国企业在 B2B 交易中使用信息通信技术的水平及能力 | 世界经济论坛统计（2018 年） |
| | | 4.2.2 互联网在 B2C 交易方面的应用 | 反映互联网在电子商务中起的作用 | 世界经济论坛统计（2018 年） |
| | 4.3 政府应用 | 4.3.1 在线服务指数 | 反映各国政府网站提供在线服务的水平 | 联合国统计（2019 年） |
| | | 4.3.2 电子参与指数 | 反映各国民众通过在线渠道与政府沟通的水平 | 联合国统计（2019 年） |
| | | 4.3.3 开放政府数据指数 | 反映各国政府开放数据的水平 | 联合国统计（2019） |

续表

| 一级指标 | 二级指标 | 三级指标 | 指标说明 | 数据来源 |
|---|---|---|---|---|
| 5. 网络安全 | 5.1 网络安全设施 | 5.1.1 每百万人安全的网络服务器数 | 反映各国每百万人中拥有安全的网络服务器数量 | 世界银行数据库统计（2018年） |
| | 5.2 网络安全产业 | 5.2.1 网络安全企业全球前150名数量 | 反映各国热门网络安全企业位于全球前150强的数量 | Cybersecurity Ventures 公布的"热门网络安全企业前150名"（2019—2020年） |
| | 5.3 网络安全水平 | 5.3.1 遭受网络攻击情况 | 反映各国移动设备感染恶意软件、受金融类恶意攻击、计算机感染恶意软件、发出远程终端协议（Telnet）攻击、加密挖矿攻击的水平以及网络防御状态、网络安全最新立法情况等 | 科技研究公司 Comparitech "全球网络安全"调查报告（2019年） |
| 6. 网络治理 | 6.1 互联网治理 | 6.1.1 互联网治理相关组织 | 反映各国处理互联网治理等相关组织的设置情况，包括政策、安全、关键基础设施保护、计算机应急响应协调中心（CERT）、犯罪和消费者保护等具体事务 | 借鉴国外研究成果，邀请相关领域专家、学者等进行综合评定 |
| | | 6.1.2 互联网治理相关政策法规 | 反映各国互联网事务或与互联网提供商（ISP）相关的法规、政策的制定情况 | 借鉴国外研究成果，邀请相关领域专家、学者等进行综合评定 |
| | 6.2 参与国际治理情况 | 6.2.1 国际互联网治理会议参与情况 | 反映各国参与关于网络空间国际研讨会的情况，包括双边会议、多边会议及其他论坛等 | 借鉴国外研究成果，邀请相关领域专家、学者等进行综合评定 |
| | | 6.2.2 主导或参与网络能力建设 | 反映各国帮助其他国家的网络能力建设，给予技术援助、政策指导或培训项目等情况 | 借鉴国外研究成果，邀请相关领域专家、学者等进行综合评定 |

## (三) 结果分析

通过对各项指标的计算，得出以上 48 国的互联网发展指数得分，如总论表 2 所示。可以看出，美国和中国的互联网发展依然领先其他国家，欧洲各国的互联网实力强劲且较为均衡，拉丁美洲及撒哈拉以南非洲地区的互联网发展进步显著。

总论表 2　48 国的互联网发展指数得分

| 排　名 | 国　家 | 得　分 |
| --- | --- | --- |
| 1 | 美国 | 66.14 |
| 2 | 中国 | 55.17 |
| 3 | 德国 | 52.47 |
| 4 | 英国 | 52.35 |
| 5 | 新加坡 | 52.22 |
| 6 | 瑞典 | 52.02 |
| 7 | 瑞士 | 51.77 |
| 8 | 法国 | 51.73 |
| 9 | 加拿大 | 51.29 |
| 10 | 以色列 | 51.28 |
| 11 | 韩国 | 51.25 |
| 12 | 荷兰 | 51.01 |
| 13 | 日本 | 50.94 |
| 14 | 丹麦 | 50.39 |
| 15 | 芬兰 | 49.95 |
| 16 | 澳大利亚 | 48.34 |
| 17 | 比利时 | 48.33 |
| 18 | 西班牙 | 48.03 |
| 19 | 爱沙尼亚 | 48.03 |
| 20 | 爱尔兰 | 47.88 |

续表

| 排 名 | 国 家 | 得 分 |
|---|---|---|
| 21 | 挪威 | 47.60 |
| 22 | 新西兰 | 47.38 |
| 23 | 意大利 | 46.62 |
| 24 | 印度 | 46.41 |
| 25 | 葡萄牙 | 46.41 |
| 26 | 俄罗斯 | 46.34 |
| 27 | 马来西亚 | 46.05 |
| 28 | 阿拉伯联合酋长国 | 45.69 |
| 29 | 波兰 | 45.24 |
| 30 | 泰国 | 44.40 |
| 31 | 沙特阿拉伯 | 43.94 |
| 32 | 巴西 | 43.82 |
| 33 | 越南 | 43.71 |
| 34 | 土耳其 | 43.04 |
| 35 | 墨西哥 | 43.03 |
| 36 | 智利 | 42.81 |
| 37 | 印尼 | 42.78 |
| 38 | 乌克兰 | 42.75 |
| 39 | 南非 | 42.51 |
| 40 | 阿根廷 | 42.04 |
| 41 | 埃及 | 39.89 |
| 42 | 伊朗 | 39.81 |
| 43 | 肯尼亚 | 39.53 |
| 44 | 哈萨克斯坦 | 39.47 |
| 45 | 巴基斯坦 | 39.03 |
| 46 | 尼日利亚 | 35.82 |
| 47 | 埃塞俄比亚 | 34.11 |
| 48 | 古巴 | 31.00 |

**1. 各国积极建设部署信息基础设施，5G 网络规模部署和商业应用加快推进**

各国固定基础设施和移动基础设施进一步完善，固定和移动网络平均下载速率逐渐提升，新加坡凭借较高的下载速率、较广的网络覆盖面积以及较低的网络资费，在固定基础设施和移动基础设施等方面较为领先。全球 IPv6 部署迅速推进，北美地区和欧洲发达国家依然高位平稳推进，印度、马来西亚、越南等部分发展中国家发展势头迅猛。全球超级计算机发展以美国、中国和日本尤为突出，美国、加拿大等国在超级计算机的应用能力、软件水平等方面较为突出，而中国在超级计算机的建设数量和投入经费等方面较高[1]。

2020 年，许多国家已经开始实现 5G 商用，5G 建设正进一步加速和扩大。尽管受疫情影响，许多国家延迟了 5G 牌照的发放，但并未放缓 5G 的推出速度。截至 2020 年 5 月，中国开通的 5G 基站超过 20 万个，并以每周新增 1.5 万个的速度增长。德国电信 5G 网络已覆盖 1000 多个城镇，有 4000 万人口使用 5G 网络。荷兰 5G 网络已经覆盖了本国一半地区。日本电信运营商 KDDI 和软银公司积极促进基础设施共享，加速农村地区的 5G 网络建设。

48 国的信息基础设施建设进一步完善，但各国的网络普及率仍然存在差距。根据《2020 年数字报告》（Digital in 2020）的统计数据，全球互联网用户数继续保持增长势头，约为 45.4 亿，普及率达 59%，比 2019 年增长了近 3 亿。具体来看，北欧的互联网普及率最高，达 95%。欧洲地区的互联网普及率较高于全球其他地区，其中西欧地区的互联网普及

---

[1] https://www.36kr.com/p/1724984672257

率达92%，南欧地区的互联网普及率达83%，东欧地区的互联网普及率达78%；亚洲地区的互联网普及率普遍维持在60%左右，其中东亚地区较为领先，而南亚地区较为落后；在互联网基础设施比较薄弱的非洲大陆，互联网普及率还有较大提升空间，表现最好的南非地区的互联网普及率为60%，互联网普及率最低的是中非地区，为22%。48国的信息基础设施得分如总论表3所示。

总论表3 48国的信息基础设施得分

| 排　　名 | 国　　家 | 得　　分 |
| --- | --- | --- |
| 1 | 新加坡 | 6.00 |
| 2 | 中国 | 5.71 |
| 3 | 美国 | 5.54 |
| 4 | 韩国 | 5.47 |
| 5 | 瑞士 | 5.39 |
| 6 | 加拿大 | 5.13 |
| 7 | 法国 | 5.10 |
| 8 | 挪威 | 5.02 |
| 9 | 荷兰 | 4.98 |
| 10 | 瑞典 | 4.80 |
| 11 | 阿拉伯联合酋长国 | 4.78 |
| 12 | 新西兰 | 4.66 |
| 13 | 丹麦 | 4.63 |
| 14 | 比利时 | 4.61 |
| 15 | 日本 | 4.60 |
| 16 | 泰国 | 4.56 |
| 17 | 葡萄牙 | 4.50 |
| 18 | 芬兰 | 4.44 |
| 19 | 德国 | 4.37 |
| 20 | 西班牙 | 4.36 |
| 21 | 英国 | 4.01 |

续表

| 排 名 | 国 家 | 得 分 |
|---|---|---|
| 22 | 马来西亚 | 4.00 |
| 22 | 澳大利亚 | 4.00 |
| 24 | 爱沙尼亚 | 3.99 |
| 25 | 爱尔兰 | 3.92 |
| 26 | 波兰 | 3.89 |
| 27 | 沙特阿拉伯 | 3.86 |
| 28 | 以色列 | 3.78 |
| 29 | 智利 | 3.71 |
| 30 | 意大利 | 3.64 |
| 31 | 巴西 | 3.57 |
| 32 | 越南 | 3.50 |
| 33 | 墨西哥 | 3.40 |
| 34 | 俄罗斯 | 3.28 |
| 35 | 印度 | 3.24 |
| 36 | 阿根廷 | 3.21 |
| 37 | 土耳其 | 3.06 |
| 38 | 乌克兰 | 2.95 |
| 39 | 哈萨克斯坦 | 2.89 |
| 40 | 南非 | 2.85 |
| 41 | 肯尼亚 | 2.67 |
| 42 | 埃及 | 2.64 |
| 43 | 伊朗 | 2.55 |
| 44 | 印尼 | 2.53 |
| 45 | 巴基斯坦 | 2.28 |
| 46 | 尼日利亚 | 2.16 |
| 47 | 埃塞俄比亚 | 2.05 |
| 48 | 古巴 | 1.60 |

## 2. 全球科技创新方兴未艾，创新格局呈多极化发展

数字化浪潮正在引领全球科技创新前沿。在《麻省理工技术评论》发布的 2020 年度"十大突破性技术"榜单中，新兴的网络信息技术占很大部分，包括防黑互联网、量子霸权、数字货币、超级星座卫星、微型人工智能、差分隐私等。

各国积极促进创新发展，对技术创新的投资逐年增加。根据《2019年全球竞争力报告》，创新能力排名领先的美国、德国、日本、韩国、瑞典等国在研发投入方面较大，人工智能、量子计算、5G、区块链等新兴技术成为各国政府投资的重点。从企业研发投入来看，《2019 欧盟工业研发投资记分牌》显示，信息通信技术生产、信息通信技术服务、健康、汽车等高新技术领域占据企业研发投入的前列。

全球科技创新格局逐渐呈现多极化趋势。根据《2019 年全球创新指数》，瑞士、瑞典、美国等国仍然保持领先地位，其他欧洲国家如荷兰、德国以及亚洲国家如新加坡、韩国等发达经济体处于顶级梯队。一些中等收入经济体正在迅速崛起，中国、阿拉伯联合酋长国、越南、泰国、印度、伊朗等国的发展潜力巨大。其中，中国在信息通信技术（ICT）领域的专利申请数量、拥有数字技能人才的占比等三级指标的得分均位居前列。印度是中亚和南亚地区最具创新活力的经济体，不仅在信息通信技术服务出口、数字技能人才占比等方面占据优势，而且拥有班加罗尔、孟买和新德里等世界领先的科学技术集群。48 国的互联网创新能力得分如总论表 4 所示。

总论表 4　48 国的互联网创新能力得分

| 排　　名 | 国　　家 | 得　　分 |
| --- | --- | --- |
| 1 | 美国 | 9.50 |
| 2 | 德国 | 9.24 |
| 3 | 日本 | 9.15 |
| 4 | 韩国 | 9.09 |
| 5 | 瑞典 | 8.88 |
| 6 | 中国 | 8.75 |
| 7 | 英国 | 8.72 |
| 8 | 瑞士 | 8.66 |
| 8 | 法国 | 8.66 |
| 10 | 以色列 | 8.57 |
| 11 | 荷兰 | 8.52 |
| 12 | 加拿大 | 8.48 |
| 13 | 新加坡 | 8.32 |
| 14 | 丹麦 | 8.26 |
| 15 | 澳大利亚 | 8.15 |
| 16 | 比利时 | 8.09 |
| 17 | 意大利 | 7.88 |
| 18 | 挪威 | 7.82 |
| 18 | 爱尔兰 | 7.82 |
| 20 | 西班牙 | 7.76 |
| 21 | 芬兰 | 7.54 |
| 22 | 印度 | 7.45 |
| 23 | 俄罗斯 | 7.40 |
| 24 | 马来西亚 | 7.32 |
| 25 | 新西兰 | 7.30 |
| 26 | 葡萄牙 | 7.03 |
| 27 | 波兰 | 6.99 |
| 28 | 沙特阿拉伯 | 6.98 |

续表

| 排　名 | 国　　家 | 得　分 |
| --- | --- | --- |
| 29 | 阿拉伯联合酋长国 | 6.87 |
| 30 | 土耳其 | 6.83 |
| 31 | 爱沙尼亚 | 6.74 |
| 32 | 南非 | 6.63 |
| 33 | 墨西哥 | 6.59 |
| 34 | 乌克兰 | 6.44 |
| 35 | 泰国 | 6.29 |
| 36 | 智利 | 6.24 |
| 37 | 伊朗 | 6.04 |
| 38 | 巴西 | 6.03 |
| 39 | 阿根廷 | 6.00 |
| 40 | 肯尼亚 | 5.84 |
| 41 | 印尼 | 5.82 |
| 42 | 巴基斯坦 | 5.78 |
| 43 | 埃及 | 5.75 |
| 44 | 越南 | 5.58 |
| 44 | 尼日利亚 | 5.58 |
| 46 | 哈萨克斯坦 | 5.44 |
| 47 | 埃塞俄比亚 | 5.26 |
| 48 | 古巴 | 3.90 |

**3. 欧亚地区数字产业强劲增长，制造业数字化转型步伐加快**

数字产业是发展数字经济的有力抓手。随着中国、印度等新兴数字市场的发展，数字产业的强劲增长态势开始向欧亚地区转移。在信息通信技术服务出口方面，印度、中国、阿根廷、芬兰、以色列、瑞典、爱尔兰等国的占比较大；在信息通信技术产品出口方面，墨西哥、中国、马来西亚、新加坡、越南等国占比较大；在拥有数字产业独角兽公司的数量方面，美国和中国领先，其次是英国和印度。

各国争相推动数字产业发展，制造业数字化转型成为热点领域。美国、韩国、德国、中国、欧盟等国家和地区都已推出工业发展战略和政策，抢占未来发展主导权。随着制造业数字化转型的不断推进，制造业企业数字化水平明显提升，企业运营效率和产品创新速度不断提高。48国的互联网产业发展得分如总论表5所示。

总论表5　48国的互联网产业发展得分

| 排　　名 | 国　　家 | 得　　分 |
| --- | --- | --- |
| 1 | 美国 | 18.00 |
| 2 | 中国 | 15.14 |
| 3 | 以色列 | 14.12 |
| 4 | 芬兰 | 13.88 |
| 5 | 新加坡 | 13.39 |
| 6 | 瑞典 | 13.27 |
| 7 | 爱沙尼亚 | 12.98 |
| 8 | 英国 | 12.82 |
| 9 | 爱尔兰 | 12.79 |
| 10 | 瑞士 | 12.55 |
| 11 | 荷兰 | 12.45 |
| 12 | 德国 | 12.41 |
| 13 | 丹麦 | 12.36 |
| 14 | 法国 | 12.31 |
| 15 | 韩国 | 12.23 |
| 16 | 加拿大 | 11.92 |
| 17 | 日本 | 11.90 |
| 18 | 马来西亚 | 11.89 |
| 19 | 印度 | 11.65 |
| 19 | 比利时 | 11.65 |

续表

| 排　名 | 国　家 | 得　分 |
|---|---|---|
| 21 | 越南 | 11.64 |
| 22 | 西班牙 | 11.53 |
| 22 | 澳大利亚 | 11.36 |
| 24 | 新西兰 | 11.32 |
| 24 | 葡萄牙 | 11.32 |
| 26 | 阿拉伯联合酋长国 | 11.06 |
| 27 | 乌克兰 | 10.97 |
| 28 | 波兰 | 10.96 |
| 29 | 意大利 | 10.93 |
| 30 | 墨西哥 | 10.80 |
| 31 | 智利 | 10.79 |
| 32 | 印尼 | 10.73 |
| 33 | 俄罗斯 | 10.69 |
| 34 | 泰国 | 10.68 |
| 35 | 沙特阿拉伯 | 10.51 |
| 36 | 土耳其 | 10.47 |
| 37 | 巴西 | 10.46 |
| 38 | 肯尼亚 | 10.35 |
| 38 | 南非 | 10.35 |
| 40 | 阿根廷 | 10.30 |
| 41 | 埃及 | 10.29 |
| 42 | 挪威 | 10.28 |
| 43 | 巴基斯坦 | 10.20 |
| 44 | 伊朗 | 9.86 |
| 45 | 哈萨克斯坦 | 9.83 |
| 46 | 埃塞俄比亚 | 8.86 |
| 47 | 古巴 | 7.70 |
| 48 | 尼日利亚 | 7.50 |

**4. 个人互联网应用愈发活跃，企业和政府互联网应用水平逐渐提升**

由疫情导致的"宅经济"推动了个人互联网应用水平进一步提升，在线医疗、在线教育、数字娱乐、数字生活等新模式、新业态蓬勃发展。根据 We Are Social 与 Hootsuite 合作发布的《全球数字报告》，截至 2020 年 6 月，全球有 39.6 亿人使用社交媒体，占总人口的 51%，同比增长 10%。

传统企业数字化转型需要软件的支撑，目前企业级软件市场主要由北美与欧洲主导，因此其企业数字化水平相对较高。美国拥有一批全球知名工业软件企业，如甲骨文、微软、通用电气、IBM、Salesforce 等，主宰着全球工业软件产业链的高端环节，包括全球 90%的操作系统、数据库管理软件及大部分通用套装软件、高端工业软件等。德国和法国等欧洲发达国家凭借深厚的工业积累，在研发设计、生产控制、业务管理等细分领域处于主导地位，拥有西门子、SAP、达索、ABB 等多家国际知名工业软件企业。日本和韩国等亚洲发达国家在工业软件领域有着较强优势，通过与世界先进工业体系的共同发展，掌握全球工业软件领域的部分核心技术和标准。印度和中国的工业软件市场增速较快，与日本、韩国等发达国家共同推动市场增长。

政府互联网应用进步明显，电子政务发展水平持续提升。《2020 联合国电子政务调查报告》提出，电子政务发展水平与一国的收入水平往往存在正相关关系，但财政资源并非唯一关键因素。从各洲情况看，欧洲国家的电子政务水平依然处于领先地位，95%的国家已经提供至少 10 项服务；亚洲各国电子政务发展差距依然较大；非洲各国出现加速发展的积极迹象。48 国的互联网应用得分如总论表 6 所示。

总论表6  48国的互联网应用得分

| 排　名 | 国　家 | 得　分 |
|---|---|---|
| 1 | 美国 | 14.00 |
| 2 | 英国 | 13.60 |
| 3 | 德国 | 13.43 |
| 4 | 中国 | 13.29 |
| 4 | 荷兰 | 13.29 |
| 6 | 法国 | 12.84 |
| 7 | 瑞典 | 12.82 |
| 8 | 加拿大 | 12.79 |
| 9 | 瑞士 | 12.73 |
| 10 | 印度 | 12.59 |
| 11 | 丹麦 | 12.55 |
| 12 | 澳大利亚 | 12.54 |
| 13 | 日本 | 12.47 |
| 14 | 俄罗斯 | 12.41 |
| 15 | 芬兰 | 12.38 |
| 16 | 巴西 | 12.32 |
| 17 | 以色列 | 12.29 |
| 18 | 印尼 | 12.27 |
| 19 | 西班牙 | 12.20 |
| 20 | 挪威 | 12.19 |
| 21 | 韩国 | 12.18 |
| 22 | 意大利 | 12.01 |
| 23 | 越南 | 11.93 |
| 24 | 波兰 | 11.89 |
| 25 | 墨西哥 | 11.85 |
| 26 | 新加坡 | 11.84 |
| 27 | 比利时 | 11.78 |
| 28 | 泰国 | 11.75 |
| 29 | 土耳其 | 11.70 |

续表

| 排　　名 | 国　　家 | 得　　分 |
|---|---|---|
| 30 | 新西兰 | 11.68 |
| 31 | 葡萄牙 | 11.64 |
| 32 | 马来西亚 | 11.63 |
| 32 | 爱尔兰 | 11.63 |
| 34 | 乌克兰 | 11.58 |
| 35 | 沙特阿拉伯 | 11.48 |
| 35 | 爱沙尼亚 | 11.48 |
| 37 | 阿根廷 | 11.44 |
| 38 | 南非 | 11.43 |
| 39 | 尼日利亚 | 11.30 |
| 40 | 埃及 | 11.28 |
| 41 | 智利 | 11.23 |
| 42 | 伊朗 | 11.14 |
| 43 | 阿拉伯联合酋长国 | 11.12 |
| 44 | 巴基斯坦 | 11.11 |
| 45 | 肯尼亚 | 10.93 |
| 46 | 哈萨克斯坦 | 10.68 |
| 47 | 埃塞俄比亚 | 9.85 |
| 48 | 古巴 | 8.00 |

**5. 网络安全投资势头高涨，北美、西欧和亚太地区的网络安全水平较为领先**

疫情期间，伴随数字经济的逆势增长，全球各国政府和企业对网络安全也愈加重视。互联网数据中心（IDC）预测，2020 年全球网络安全相关硬件、软件、服务市场的总投资将达到 1202.8 亿美元，较 2019 年同比增长 10.1%[1]。

网络安全水平较高的国家主要集中在北美、西欧和亚太地区,其中美国和以色列相比 2019 年依旧领先。国际电信联盟 2019 年发布的《全球网络安全指数》,从立法措施、技术机制、组织结构、能力建设和合作协定等方面对主要国家进行比较,发现英国、美国、法国、爱沙尼亚、新加坡、西班牙、马来西亚等国的网络安全水平得分较高,而伊朗、尼日利亚、南非、越南、印度等国的网络安全水平得分较低。科技公司 Comparitech 从各国移动设备感染恶意软件、受金融类恶意攻击、计算机感染恶意软件、网络防御状态、网络安全最新立法情况等维度对 60 个国家的网络安全状况展开评估,认为丹麦、瑞典、德国、爱尔兰、日本、加拿大等国的网络安全水平得分较高,而伊朗、巴基斯坦、埃及、巴西、越南、印度等国的网络安全水平得分较低。48 国的网络安全水平得分如总论表 7 所示。

**总论表 7　48 国的网络安全水平得分**

| 排　　名 | 国　　家 | 得　　分 |
| --- | --- | --- |
| 1 | 美国 | 9.50 |
| 2 | 以色列 | 4.74 |
| 3 | 英国 | 4.16 |
| 4 | 丹麦 | 4.12 |
| 5 | 加拿大 | 4.06 |
| 6 | 荷兰 | 4.01 |
| 7 | 新加坡 | 4.00 |
| 8 | 德国 | 3.98 |
| 9 | 瑞士 | 3.96 |

[1] https://www.idc.com/getdoc.jsp?containerId=prCHC46140120

续表

| 排　　名 | 国　　家 | 得　　分 |
|---|---|---|
| 9 | 爱尔兰 | 3.96 |
| 11 | 新西兰 | 3.95 |
| 12 | 爱沙尼亚 | 3.94 |
| 12 | 芬兰 | 3.94 |
| 14 | 澳大利亚 | 3.82 |
| 14 | 挪威 | 3.82 |
| 16 | 法国 | 3.79 |
| 17 | 日本 | 3.77 |
| 17 | 瑞典 | 3.77 |
| 19 | 波兰 | 3.74 |
| 20 | 比利时 | 3.73 |
| 20 | 葡萄牙 | 3.73 |
| 22 | 西班牙 | 3.71 |
| 23 | 意大利 | 3.69 |
| 24 | 南非 | 3.68 |
| 25 | 俄罗斯 | 3.67 |
| 26 | 智利 | 3.65 |
| 27 | 乌克兰 | 3.60 |
| 28 | 马来西亚 | 3.57 |
| 29 | 土耳其 | 3.54 |
| 30 | 韩国 | 3.52 |
| 31 | 阿根廷 | 3.46 |
| 32 | 巴西 | 3.44 |
| 33 | 越南 | 3.43 |
| 34 | 哈萨克斯坦 | 3.42 |
| 35 | 阿拉伯联合酋长国 | 3.39 |
| 36 | 印尼 | 3.37 |
| 37 | 泰国 | 3.35 |
| 38 | 伊朗 | 3.30 |
| 39 | 中国 | 3.25 |

续表

| 排 名 | 国 家 | 得 分 |
|---|---|---|
| 40 | 印度 | 3.16 |
| 41 | 墨西哥 | 3.11 |
| 42 | 肯尼亚 | 3.09 |
| 43 | 沙特阿拉伯 | 3.05 |
| 44 | 古巴 | 3.02 |
| 45 | 尼日利亚 | 2.92 |
| 46 | 巴基斯坦 | 2.89 |
| 47 | 埃及 | 2.81 |
| 48 | 埃塞俄比亚 | 2.50 |

**6. 各国加强本国互联网治理，国际社会积极交流与合作**

互联网迎来治理热潮，多国通过强化立法、加强执法等手段，重点关注数据、算法、竞争、内容、税收治理等问题。欧盟、中国、美国、印度等国家和地区出台了一系列关于个人数据和隐私保护的法律及标准。其中，欧盟依据《通用数据保护条例》实施了多起处罚；美国、俄罗斯、欧盟各成员国、印度等诸多国家对谷歌、脸书、亚马逊等数字平台采取调查及罚款等方式进行管制；美国、中国、英国、加拿大、新加坡等越来越多的国家加强对社交平台内容监管，出台相关法律和政策打击虚假信息；法国、意大利、西班牙、英国、奥地利等欧洲国家开始对大型科技公司征收数字服务税，亚洲和拉丁美洲国家也开始讨论如何对科技巨头征税。从本国互联网治理能力得分来看，美国、中国、英国、德国等国建立了较为全面的互联网治理组织以及较为完善的互联网治理政策法规，表现较好。

互联网治理本身具有复杂性，单靠政府的力量难以有效应对诸多挑战，政府、平台、用户、行业协会等多元主体和多方力量都应在治理中发挥作用。2019年12月,联合国举办互联网治理论坛(IGF),来自161个国家的3400多名代表与会讨论了与互联网相关的政治、社会、技术和伦理问题,表明各方在数据安全、隐私保护、网络安全带来风险等问题上的共识性增强,以及国际组织在网络空间治理中发挥作用在上升。这种广泛交流有利于促进人们对互联网未来的发展达成共识,探讨从现实世界转移到数字世界的价值、原则和规则。48国的网络治理能力得分如总论表8所示。

总论表8 48国的网络治理能力得分

| 排 名 | 国 家 | 得 分 |
| --- | --- | --- |
| 1 | 美国 | 9.60 |
| 2 | 中国 | 9.04 |
| 2 | 日本 | 9.04 |
| 2 | 英国 | 9.04 |
| 2 | 法国 | 9.04 |
| 2 | 德国 | 9.04 |
| 7 | 加拿大 | 8.90 |
| 7 | 俄罗斯 | 8.90 |
| 7 | 爱沙尼亚 | 8.90 |
| 10 | 韩国 | 8.75 |
| 11 | 新加坡 | 8.67 |
| 12 | 阿拉伯联合酋长国 | 8.47 |
| 12 | 意大利 | 8.47 |
| 12 | 挪威 | 8.47 |
| 12 | 西班牙 | 8.47 |
| 12 | 瑞士 | 8.47 |
| 12 | 澳大利亚 | 8.47 |
| 12 | 新西兰 | 8.47 |
| 12 | 丹麦 | 8.47 |
| 12 | 瑞典 | 8.47 |

续表

| 排　名 | 国　家 | 得　分 |
|---|---|---|
| 12 | 比利时 | 8.47 |
| 22 | 印度 | 8.33 |
| 23 | 葡萄牙 | 8.19 |
| 24 | 印尼 | 8.05 |
| 24 | 沙特阿拉伯 | 8.05 |
| 26 | 巴西 | 7.99 |
| 27 | 泰国 | 7.77 |
| 27 | 芬兰 | 7.77 |
| 27 | 以色列 | 7.77 |
| 27 | 荷兰 | 7.77 |
| 27 | 波兰 | 7.77 |
| 27 | 爱尔兰 | 7.77 |
| 33 | 阿根廷 | 7.63 |
| 33 | 马来西亚 | 7.63 |
| 33 | 越南 | 7.63 |
| 36 | 南非 | 7.57 |
| 37 | 土耳其 | 7.43 |
| 38 | 墨西哥 | 7.29 |
| 39 | 智利 | 7.21 |
| 39 | 哈萨克斯坦 | 7.21 |
| 39 | 乌克兰 | 7.21 |
| 42 | 埃及 | 7.12 |
| 43 | 伊朗 | 6.92 |
| 44 | 古巴 | 6.78 |
| 44 | 巴基斯坦 | 6.78 |
| 46 | 肯尼亚 | 6.64 |
| 47 | 尼日利亚 | 6.36 |
| 48 | 埃塞俄比亚 | 5.60 |

## 三、部分国家的互联网发展情况

通过对比以上48国的互联网发展指数得分，可以看出，北美、欧洲及亚洲等发达国家和地区的互联网平均发展水平普遍较高，拉丁美洲及撒哈拉以南非洲发展中国家和地区的互联网也在快速发展。报告选取美国、中国、英国、新加坡、瑞典、加拿大、日本、澳大利亚、意大利和埃及10个国家，分析其互联网发展状况。

### （一）美国的互联网综合实力依然全球领先

作为世界互联网大国，美国始终引领世界互联网技术创新发展。在本报告对世界互联网发展指数所做的排名中，美国依然居首位。例如，在信息基础设施指数方面，排名第3位；在创新能力指数方面，排名第1位；在产业发展指数方面，排名第1位；在互联网应用指数方面，排名第1位；在网络安全指数方面，排名第1位；在互联网治理指数方面，排名第1位。美国的互联网发展指数情况如总论图1所示。

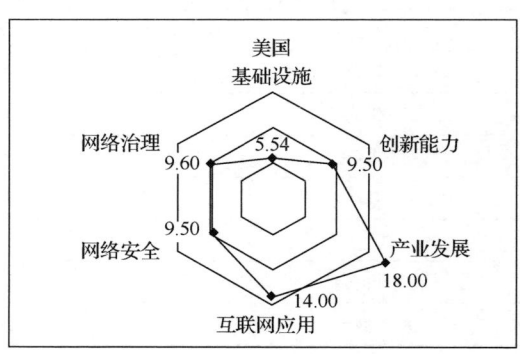

总论图1 美国的互联网发展指数情况

但是，美国本国的数字鸿沟问题仍未妥善解决，其中宽带价格是最主要的结构性障碍，低收入社区的宽带拥有率最低。根据世界信息技术和服务联盟（WITSA）发布的《2019网络就绪度指数（NRI）》，美国的网络就绪度指数得分为80.32，在全球的排名由2016年的第5位降至第8位，在互联网接入、互联网对社会的影响等方面表现不佳。

美国研发投入、创新质量和企业实力均居全球首位。美国国家科学基金会发布的《2020年美国科学与工程状况》显示，美国继续在全球研究与试验发展（R&D）投入、R&D密集型产业产出中占最大份额，授予最多数量的科学与工程博士学位。根据世界知识产权组织发布的《2019年全球创新指数（GII）》报告，美国创新能力位列全球第3，并在创新质量方面居全球之首，共有26个科技集群入围世界科技集群百强。在2020年《福布斯》发布的全球企业2000强榜单上，前十大科技公司中美国互联网巨头占了8家，分别为苹果、微软、Alphabet、Facebook、英特尔、IBM、思科和甲骨文。

美国谋求在人工智能、量子计算等领域的领先地位。2020年2月，白宫发布了《美国AI倡议首年年度报告》，强调重点关注以下六大领域：投资AI研发、释放AI资源、清除AI创新障碍、培养AI人才队伍、营造支持美国AI创新的国际环境、为政府服务提供可信赖的AI。此外，2020年1月，美国能源部发布针对量子信息科学方向的项目资助计划"国家量子信息科学研究中心"；同年2月，美国发布了由白宫国家量子协调办公室撰写的《美国量子网络战略构想》，提出美国将发展量子互联网，确保量子信息科学惠及大众。

美国持续提高网络安全水平，保持着对全球的单边优势。2020年1月，美国众议院金融服务委员会通过《2019年网络安全和金融系统弹性法案》，该法案旨在确保美联储将网络安全和现代化置于优先地位。为确保国防工业安全，美国国防部发布"网络安全成熟度认证模型"（CMMC），强制对合同商进行第三方认证，取代当前"联邦采办条例国防部补充条例"的"自认证模型"。为扩充网络安全队伍，美国海军陆战队正组建监管型网络部队，在具有单边优势的情况下，仍不断加强网络安全军事能力。美国强化对社交媒体平台的监管，引发全球关注。2020年5月，美国总统特朗普签署行政命令，对社交媒体在联邦通信法下的免责条款实施了限制。美国司法部发布一项提案，敦促国会减少对在线平台的保护，并让这些平台承担更大的法律责任。美国的一系列行为，也使各国意识到，社交媒体是关系政治权力与安全的重要资源，各国政府开始加强应对并制定相关政策。

## （二）中国的互联网总体实现平稳较快发展

中国的互联网发展水平仅次于美国，在世界互联网发展指数中排名第2位，在信息基础设施指数方面，排名第2位；在创新能力指数方面，排名第6位；在产业发展指数方面，排名第2位；在互联网应用指数方面，排名第4位；在网络安全指数方面，排名第39位；在互联网治理指数方面，排名第2位。中国的互联网发展指数情况如总论图2所示。

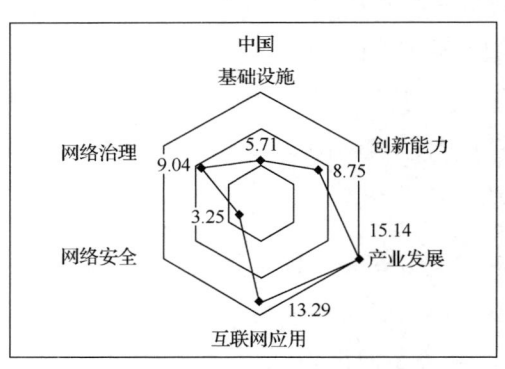

总论图2　中国的互联网发展指数情况

中国的互联网基础设施建设稳步推进，尤其在移动基础设施和应用基础设施方面取得了一定成就。2020年，中国加速布局新型基础设施建设，全国各地纷纷发力数字基建，一批重大项目不断落地。

（1）5G加快部署。"鲸准"平台数据显示，截至2020年4月底，中国5G领域融资案例有2741个，总规模达到2505.14亿元，平均单笔融资金额为0.91亿元。2019年，中国移动、中国联通、中国电信三大运营商在5G方面的投资超过400亿元。预计2020年投资约1800亿元，投资增幅超过300%。

（2）数据中心积极扩容。2020年3月以来，基础电信运营商，华为、浪潮等服务器供应商，腾讯、百度、阿里巴巴等互联网大厂竞相增加布局，在粤港澳大湾区，以及张掖、拉萨、重庆等地新建或扩建数据中心，投资规模达数百亿元。

（3）工业互联网产融合作持续扩大。国家工业信息安全发展研究中心的数据显示，2020年第一季度，国内工业互联网行业融资事件共计40起，披露融资总额突破20亿元，较2019年同期大幅度增长。此外，中国下一代互联网IPv6加速升级，网络整体覆盖和服务能力显著提升。根据中国互联网络信息中心（CNNIC）数据，截至2020年7月，中国已经分配IPv6地址的用户数达到14.42亿，IPv6活跃用户数已达3.62亿。

中国自主创新能力不断增强，信息通信技术领域的专利申请数量逐年增多，但在研发投入和创新成果市场化等方面仍然有进步空间。根据《2019年全球创新指数（GII）》报告，中国有18个科技集群入围世界科技集群百强。在美国彭博社公布的"2020彭博创新指数"排行榜上，中国在专利活动和高等教育效率方面表现最为突出，分别列第2位和第5位。2020年，中国在集成电路产业的多个领域实现历史性突破。作为国内先进制程技术突破的承担主力，中芯国际已完成14nm制程工艺的量产；2020 年上半年，实现海思麒麟 710A 芯片的代工出货，搭载该芯片的华为荣耀 play 4T 机型上市。

疫情期间，中国互联网相关行业逆势增长，以云 IT 基础设施为代表的部分行业发展迅猛。根据互联网数据中心的相关数据，在全球云 IT 基础设施收入前五大供应商中，中国占 3 家，2020 年第一季度，其在全球市场的份额总计超过 21%，这一占比仅次于美国。信息传输、软件和信息技术服务业成为带动增长的重要动力。2020 年 1—5 月，中国信息传输、软件和信息技术服务业实现了 8.4% 的逆势增长。此外，软件产业积极助力疫情防控，赋能各行业高效复工复产。疫情发生后，众多企业全力保障各级政府政务管理系统、各大医院的医疗信息化系统顺畅运行，确保对疫情防控工作的快速响应。众多企业免费推出远程通信、云端协同、线上服务、远程控制等产品，助力企业恢复生产经营。

中国数字经济成为稳定经济增长的主力军，在个人互联网应用方面发展较为领先。2020 年，中国移动互联网加速发展，电子商务、在线支付、数字内容、在线教育等领域增长迅速，直播经济暴发式增长。人工智能应用场景愈加丰富，新零售、智慧医疗、泛娱乐、信息内容管理、智能制造、物业安防等场景得到了更为充分的实践与验证。电子政务整体水平进入世界先进行列。《2020 联合国电子政务调查报告》显示，在作为衡量国家电子政务发展水平的核心指标——电子参与指数中，中国排名从第 29 名提升到第 9 名。

在网络安全方面，2019 年 5 月，与网络安全等级保护制度 2.0 相关的《信息安全技术网络安全等级保护基本要求》《信息安全技术网络安全等级保护测评要求》《信息安全技术网络安全等级保护安全设计技术要求》等国家标准正式发布。2019 年 10 月 26 日，《中华人民共和国密码法》表决通过，这是中国密码领域的综合性、基础性法律；《个人信息保护法（草案）》将进一步修订。在技术标准方面，《个人信息安全规范》（更新版）已经过多轮修改，预计在 2020 年底完成。同时，2019 年以来，中国打击 App 应用侵犯用户权益的行动成功开展，国家、省、企业三级联动的工业互联网安全监测与态势感知的平台建设稳步推进。

中国不断加深与世界各国的交流与合作。2020 年 9 月，中国召开 2020 年中国国际服务贸易交易会，倡导共同营造开放包容的合作环境，共同激活创新引领的合作动能，共同开创互利共赢的合作局面。同月，中国和俄罗斯发布外交部部长联合声明，呼吁国际社会加强协作，凝聚共识，合力应对当前的威胁和挑战，促进全球政治稳定和经济复苏。

## （三）英国互联网整体实力较为均衡

英国在世界互联网发展指数中排名第 4 位，在信息基础设施指数方面，排名第 21 位；在创新能力指数方面，排名第 7 位；在产业发展指数方面，排名第 8 位；在互联网应用指数方面，排名第 2 位；在网络安全指数方面，并列第 3 位；在互联网治理指数方面，并列第 2 位。英国的互联网发展指数情况如总论图 3 所示。

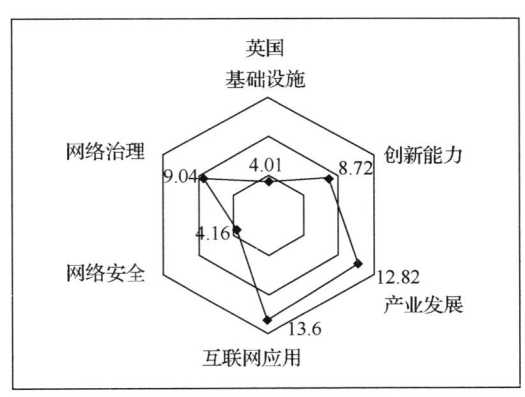

总论图 3　英国的互联网发展指数情况

英国大力支持全光纤宽带和 5G 移动技术。近年来，英国在移动和固定网络连接方面取得了重大进展，但在全光纤网络覆盖方面依然落后于欧洲很多其他国家。截至 2019 年 12 月，英国全光纤宽带覆盖率仅为 10%[1]。另外，固定宽带和移动宽带网络下载速率较低也是英国需要解决的问题。英国通信管理局（Ofcom）于 2020 年 1 月提出 4 项计划，加速对光纤网络的投资，包括对批发价格设置上限，鼓励来自新网络的竞争；阻止网络基础设施公司 Openreach 提供大幅度折扣，以免扼杀竞争；为农村地区提供更大的灵活性以鼓励投资；在已建成全光纤网络的地区放松对 Openreach 铜缆网络的管制，帮助其逐步淘汰铜缆网络[2]。在 5G 方面，2020 年 7 月，英国政府宣布启动 3000 万英镑（折合人民币约 2.75 亿元）的"5G 创造"基金，作为 5G 试验平台和试验计划（5GTT）的一部分，帮助开发 5G 技术的创新项目[3]。根据《2019 网络就绪度指数》，英国的网络就绪度指数得分为 77.73，排名由 2016 年的第 8 名下降至第 10 名，主要短板表现在互联网应用、个人技能、互联网对经济和生活质量的影响等方面。

英国的互联网创新能力与良好的商业环境和政策支持密不可分，英国为互联网创新打造了宽松灵活的监管环境，帮助本国科技企业吸引外资并提高出口。2020 年 6 月，英国推出科技贸易战略，表示将在未来建立面向日本、韩国、泰国、澳大利亚、印度尼西亚、新加坡等亚太地区的数字贸易网络，帮助本国科技企业进入相关市场。同时，在 5G、物联网、光子学和混合现实等重点领域吸引外国直接投资。

---

[1] http://www.tlfptw.com/keji/20190926/196.html

[2] http://paper.cnii.com.cn/article/rmydb_15573_289866.html

[3] BBC，2020.7.31

英国在知识产权保护及参与全球化能力方面表现亮眼,数字产业发展环境较好,在企业数字化转型方面具有一定优势,但信息通信技术服务出口和产品出口占比较低。根据美国市场研究机构 CB Insights 统计,截至 2020 年 8 月,英国拥有的数字产业独角兽企业数量仅次于中国和美国,达到 25 家企业。英国在金融科技产业方面实力强劲,堪称全球金融科技之都,网络借贷、在线支付、金融数据分析、区块链等子产业也处于世界领先水平。在毕马威咨询公司发布的 2019 年全球金融科技百强榜中,英国有 11 家金融科技企业上榜,其中贷款平台 OakNorth 位居前十[1]。这主要得益于英国在金融服务业方面的科技优势、消费者尝试创新技术产品的强烈意愿,以及政府创造的宽松监管环境[2]。

英国有 7 家网络安全企业进入全球 150 强,这一数字仅次于美国和以色列。英国数字、文化、媒体和体育部统计,截至 2019 年底,英国网络安全行业总收入约 83 亿英镑(约合人民币 754 亿元),比 2017 年增长 46%。其中,活跃的网络安全公司数量超过 1200 家,从业人数约 4.3 万名,投资总额超过 3.48 亿英镑[3]。2020 年 6 月,英国国防部正式建立了一支专门负责网络安全的部队——"第 13 信号团",以应对来自潜在对手日益增长的数字威胁,将网络安全提升为国防战略性支柱之一。该信号团约由 250 名专家组成,这些专家负责制定规则、测试和部署新一代国防网络信息安全运营中心,并为所有军事通信提供安全的网络服务。

---

[1] https://xueqiu.com/6817277373/135373540
[2] https://finance.sina.com.cn/roll/2019-08-10/doc-ihytcitm8141679.shtml
[3] 数据来源:英国数字、文化、媒体和体育部公布报告,2020 年 1 月 30 日;英国网络安全产业发展对我启示,赛迪,2020 年 3 月 5 日。

## （四）新加坡努力打造全球领先的数字国家

新加坡在世界互联网发展指数中排名第 5 位，在信息基础设施指数方面，排名第 1 位；在创新能力指数方面，排名第 13 位；在产业发展指数方面，排名第 5 位；在互联网应用指数方面，排名第 26 位；在网络安全指数方面，排名第 7 位；在互联网治理指数方面，排名第 11 位。新加坡的互联网发展指数情况如总论图 4 所示。

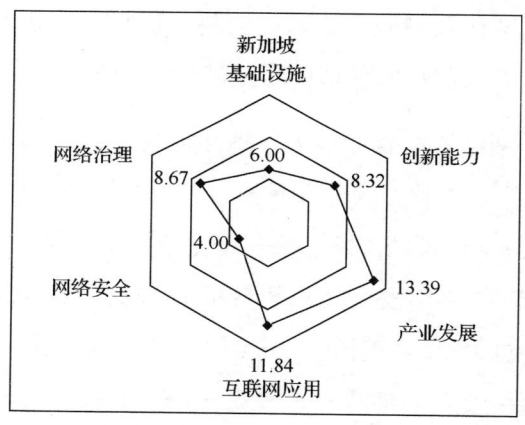

**总论图 4　新加坡的互联网发展指数情况**

新加坡紧跟全球信息技术发展的节奏，不断完善信息基础设施建设，宽带覆盖率很高，尤其在移动宽带普及率、智能手机普及率等方面表现突出。截至 2020 年 6 月，新加坡颁发两个全国性 5G 许可证。为了充分利用 5G 网络，新加坡政府采取了一系列举措，包括在全市范围内启动包裹寄存柜网络等。新加坡资讯通信媒体发展局宣布，新加坡将从 2021 年 1 月起推出两个独立的 5G 网络，在 2022 年底前建成至少覆盖半个新加坡的 5G 网络，并在 2025 年底前建成覆盖整个新加坡的 5G 网络。

新加坡在产业发展环境、数字产业的经济效应方面表现较好,信息通信技术产品出口占比、移动应用程序创造量等保持较高水平。新加坡是亚太地区最具吸引力的数据中心枢纽,能有效满足云计算、大数据和物联网等高端技术的强劲需求。依托信息通信技术产业优势,新加坡大力推行产业转型蓝图计划,推动数字化转型,同时积极推动数字贸易发展。2020年4月,新加坡企业发展局出台了中小企业电商促进计划。2020年6月,新加坡与智利和新西兰签署了数字经济协议;同年8月,新加坡与澳大利亚签署了数字经济协议,包括避免不必要的数据传输和定位限制、提高软件源代码保护以及确保电子发票和电子支付框架兼容性等内容。

新加坡高等教育质量保持世界一流,因此在数字技能人才和创新成果市场化发展具有优势,但在信息通信技术领域的专利申请数量、研发投入方面有待加强。

新加坡的互联网企业应用和政府应用表现较好,尤其是近年来,新加坡政府不断调整电子政务发展规划,为政、民、企合作创新提供了有力支撑。《2020联合国电子政务调查报告》显示,新加坡的电子政务发展指数排名全球第11位,属于"非常高"的级别。

新加坡通过多种途径实施网络内容治理:建立"轻触式"管理框架;鼓励行业自律;通过公共教育提升公众的媒体素养和安全意识。同时,新加坡不断推出新的监管法律。2019年5月,新加坡国会通过《防止网络假信息和网络操纵法案》,意图通过该法案保护国内网络免受恶意行为者制造谎言并进行网络操纵的危害。2020年,新加坡计划将数据可携带权和数据创新条款引入《个人数据保护法案2012》,并将加强公共部门个人数据保护措施。

## （五）瑞典互联网创新能力优异

瑞典在世界互联网发展指数中排名第 6 位，在信息基础设施指数方面，排名第 10 位；在创新能力指数方面，排名第 5 位；在产业发展指数方面，排名第 6 位；在互联网应用指数方面排名第 7 位；在网络安全指数方面，排名第 17 位；在互联网治理指数方面，并列第 12 位。瑞典的互联网发展指数情况如总论图 5 所示。

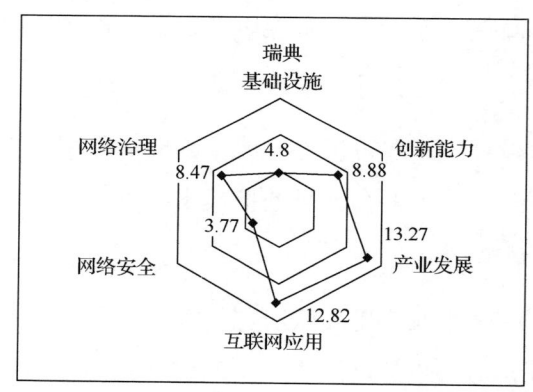

总论图 5　瑞典的互联网发展指数情况

瑞典固定宽带和移动宽带网络下载速率较快，资费负担较低，超级计算机在世界 500 强排行榜中的数量仅有 2 个。得益于瑞典 Telia、Tele2、爱立信等电信运营商，瑞典的 5G 发展迅速。2019 年 12 月，瑞典出台首个 5G 电子通信法，赋予瑞典安全警察局和瑞典国防部队在检查网络运营商时拥有更多的权力[1]。

---

[1] 资料来源：《瑞典日报》，2019 年 12 月 30 日。

瑞典有着"创新之国"的美誉，在数字技能人才、研发投入、创新成果市场化方面均占有优势。在 2019 年全球创新指数方面，瑞典位居全球第 2，仅次于瑞士。瑞典在互联网领域更是频频创新，2020 年 2 月，瑞典央行率先测试其发行的数字货币 e-krona，用于模拟日常银行活动[1]。同年 3 月，瑞典爱立信公司发布电信领域的原生人工智能设计，即从电信网络的底层架构中置入人工智能，使人工智能全面融入整个网络产品和服务组合之中[2]。

瑞典的互联网企业应用和政府应用水平较高。在电子政务方面，根据《2020 联合国电子政务调查报告》，瑞典的电子政务发展指数位居全球第 7。电子商务受疫情影响呈上升趋势。根据调查，2020 年第二季度多达 64% 的瑞典电子零售商认为销售量增加[3]。

瑞典的网络安全水平还有较大的提升空间，没有企业入围全球热门网络安全企业 150 强。普华永道公司针对 100 家瑞典公司进行网络安全调查，63% 的受访企业表示，曾遭受过网络攻击，同比上升 13%。此外，3/4 的受访企业认为瑞典没有足够能力应对日益严重的网络威胁，多达 96% 的受访企业希望在中小学开设网络安全教育课程[4]。

瑞典对网络治理较为严格，瑞典数据保护机关（DPA）严格执行欧盟制定的《通用数据保护条例》。2020 年 3 月，谷歌因违反有关删除权的规定被处以约 700 万欧元的罚款[5]。

---

[1] 资料来源：路透社，2020 年 2 月 21 日。

[2] 资料来源：雷锋网，2020 年 3 月 25 日。

[3] https://finance.sina.com.cn/roll/2020-07-13/doc-iivhvpwx5177728.shtml

[4] http://se.mofcom.gov.cn/article/jmxw/202006/20200602978199.shtml

[5] https://kuaibao.qq.com/s/20200322AZPNKU00?refer=spider

## （六）加拿大数字治理与网络安全优势突出

加拿大在世界互联网发展指数中排名第 9 位，在信息基础设施指数方面，排名第 6 位；在创新能力指数方面，排名第 12 位；在产业发展指数方面，排名第 16 位；在互联网应用指数方面，排名第 8 位；在网络安全指数方面，排名第 5 位，在互联网治理指数方面，并列第 7 位。加拿大的互联网发展指数情况如总论图 6 所示。

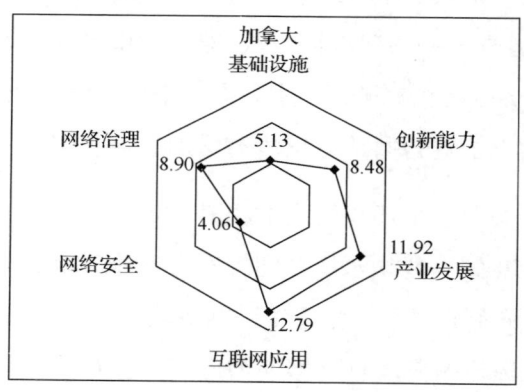

**总论图 6　加拿大的互联网发展指数情况**

加拿大一直致力于互联网的普及，互联网基础设施较为完备，宽带网络几乎覆盖全国。移动互联网较为发达，移动宽带网络下载速率位居全球前列。Speedtest 统计数据显示，截至 2020 年 4 月，加拿大的移动宽带网络下载速率达 73.52Mb/s，在有统计数据的 139 个国家和地区中排名第 6。在《2019 网络就绪度指数》评估中，加拿大的网络就绪度指数得分为 74.72，排名全球第 14，与 2016 年持平。

加拿大在数字技能人才方面优势明显，但在研发投入、信息通信技术领域的专利申请数量方面有待加强。加拿大是全球首个推出人工智能战略的国家，在政府的大力支持下，加拿大已成为全球人工智能领域的领先者之一。其中，蒙特利尔地区具有显著的人工智能产业集群优势，尤其在游戏和虚拟现实（VR）技术产业方面突出，多伦多滑铁卢区域的人工智能产业也在崛起，量子技术也是加拿大的投资重点。加拿大拥有两个世界一流的量子计算研究中心：滑铁卢大学圆周理论物理研究所和量子计算研究所（IQC）。

加拿大每百万人拥有的安全网络服务器数较为领先，其中有 5 家网络安全企业进入全球 150 强，这一数量仅次于美国、以色列和英国。加拿大新版《国家网络安全战略》明确指出："强大的网络安全是加拿大创新和繁荣的一个基本要素"。2019 年，加拿大航天局（CSA）向霍尼韦尔公司授予价值 3000 万美元的合同，用于量子加密和科学卫星（QEYSSat）任务的设计和实施，以帮助提升加拿大的网络安全水平。在新版《国家网络安全战略》的支持下，加拿大国家研究委员会（NRC）与新不伦瑞克大学（UNB）合作，在弗雷德里克顿开设了一个新的网络安全创新中心。该中心将针对关键基础设施进行网络安全研究，重点关注物联网安全、人工智能、人机交互和自然语言处理。2019 年 12 月，加拿大皇家骑警（RCMP）宣布了一项五年战略计划，推动各地建立完善的网络犯罪执法体系。加拿大还启动了一项网络安全认证计划，要求中小企业坚持加拿大网络安全中心制定的基线网络安全控制措施。

2020 年，加拿大国际治理创新中心等机构发布多篇报告，探讨建立健全数字贸易监管体系问题，提议成立一个数据标准任务组，负责制定全球数据合作标准；倡导建立数字布雷顿森林体系，以协调全球数字治理，减少数字革命的负面影响。

## （七）日本加快移动互联网和数字经济发展步伐

日本在世界互联网发展指数中排名第 13 位，在信息基础设施指数方面，排名第 15 位；在创新能力指数方面，排名第 3 位；在产业发展指数方面，排名第 17 位；在互联网应用指数方面，排名第 13 位；在网络安全指数方面，排名第 17 位；在互联网治理指数方面，并列第 2 位。日本的互联网发展指数情况如总论图 7 所示。

在基础设施方面，日本超级计算机"富岳"（Fugaku）成为全球计算速度最快的计算机，但"超算 500 强"的数量与中美相比有较大差距。另外，日本在固定宽带和移动宽带网络下载速率方面仍需提升。根据《2019 网络就绪度指数》，日本的网络就绪度指数由 2016 年的第 10 位降至第 12 位，主要原因是互联网接入和内容方面的排名较落后。为强化互联网连接，日本运营商加快推出 5G 商用服务。2020 年 3 月，日本软银公司推出本土 5G 商用服务，成为日本首个推出 5G 商用服务的运营商，并计划在 2023 年底前部署超过 10000 个 5G 网络基站。

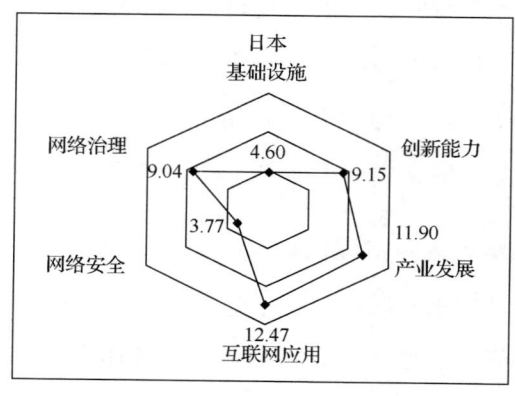

总论图 7　日本的互联网发展指数情况

得益于研发投入强度、创新成果市场化等方面突出的表现,日本在创新方面仍具有明显优势。根据欧盟委员会发布的《2019欧盟工业研发投资记分牌》,日本是上榜公司数量最多的国家(地区)之一。其中,日本公司的研发投入位居全球第3,占13.3%;平均研发投入强度为3.5%,位居全球第2;平均盈利能力(7.8%)位居全球第3。在支撑6G的信息处理技术开发方面,日本正在打造世界标准。2020年4月,日本内政和通信部发布"6G综合战略"的计划纲要,表示将通过财政支持和税收优惠等手段推动6G技术研发,力争在5年内实现关键技术的突破。此外,日本电信电话株式会社(NTT)致力于打造21世纪30年代的信息流通基础,提出"IOWN"构想,即半导体、个人计算机、服务器、传输系统等的信息流通基础完全由光来承担。

日本不断加快互联网应用,电子政务发展水平较高。根据《2020联合国电子政务调查报告》,日本电子政务发展指数排在全球第14位。时任日本首相安倍晋三表示,未来3年要集中投资,重点分配预算,推动日本行政领域数字化建设;未来5年,要从提升居民生活便利角度出发,建立共享服务的机制。

在互联网产业发展方面,日本与领先国家相比仍有较大差距,因此日本政府在这方面不断加大支持力度。例如,为促进日本公司开发安全的5G移动网络和无人机技术,日本内阁于2020年2月通过了一项新法案,允许开发5G和无人机技术的公司在相关计划符合网络安全标准的前提下,获得政府下属金融机构的低息贷款。根据该法案,采用5G技术的公司如果达到政府设定的标准,还可以获得税收优惠。2020年7月,日本经济产业省发布了《2020贸易白皮书》,强调从加强数字化投入等方向,适应后疫情时代发展。2020年,日本央行加快数字货币研究。2020年1月,日本与英国、欧元区、瑞典和瑞士的央行联合评估发行央行数字货币的可行性；同年 7 月，日本央行在结算机构局内新设立"数字货币组"，重点研究央行数字货币，探寻构建数字社会的最佳结算系统。日本央行在 2020 年 8 月发布的《央行数字货币技术障碍》报告中披露，将从技术角度测试数字货币的可行性，并继续与其他国家央行开展合作。

日本在网络治理方面积累了较多经验。近几年来，日本持续推动数据在安全条件下的自由流动。2018 年 7 月，日本和欧盟签署了《经济伙伴关系协定》（EPA）和《战略伙伴关系协定》（SPA），希望合作创建"世界上最大的安全数据流区域"。随后，欧盟在 2019 年 1 月通过了一项"充足性决定"，在强有力的保护基础上，允许个人数据在欧盟和日本之间自由流动。该决定是对欧盟与日本经济伙伴关系协定的补充，并于同年 2 月生效。在该协定生效两年后（2021 年 2 月以后），双方将进行第一次联合审查，以评估该框架的运作情况。在日本的推动下，二十国集团（G20）启动了"大阪框架"，强调开放的跨境数据流动是所有行业的命脉，隐私和网络安全的强大保护与跨境数据流动的透明度和非歧视性紧密相关，由此提出了可信赖的数据自由流动（DFFT）概念。在 2020 年 G20 峰会上，有望进一步推进数据自由流动。

## （八）澳大利亚在世界互联网普及率较为领先

澳大利亚在世界互联网发展指数中排名第 16 位，在信息基础设施指数方面，排名第 22 位；在创新能力指数方面，排名第 15 位；在产业发展指数方面，排名第 22 位；在互联网应用指数方面，排名第 12 位；在网络安全指数方面，排名第 14 位；在互联网治理指数方面，并列第 12 位。澳大利亚的互联网发展指数情况如总论图 8 所示。

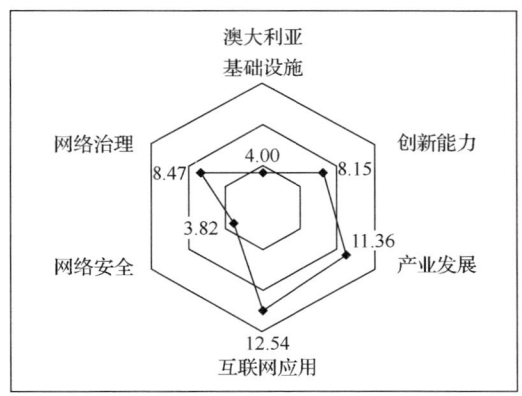

总论图 8　澳大利亚的互联网发展指数情况

澳大利亚在 IPV6 建设、移动宽带网络下载速率和移动网络资费负担等方面表现较好。根据《2019 网络就绪度指数》，澳大利亚的网络就绪度指数得分为 74.8，排名由 2016 年的第 18 名上升至第 13 名，主要原因是互联网接入、个人技能、互联网安全、互联网内容、治理等方面的得分有所提高。

澳大利亚的国家宽带网（NBN）完成了全国性部署，接通了 391 万个家庭和经营场所。为进一步提高网速，改善网络服务，澳大利亚各州开始自建光纤网络。例如，新南威尔士州投入 1 亿澳元（约合 6600 万美元）用于实施"千兆州计划"（Gig State Plan），南澳大利亚州的阿德莱德也一直在建设商业区千兆网络[1]。2019 年，澳大利亚电商销售额达到 320 亿美元，比 2018 年增长 17.5%。疫情期间电商市场迅速发展，预计到 2020 年底，澳大利亚电商市场销额将占该国零售市场总额的 15%[2]。

---

[1] http://m.cableabc.com/world/20200525469520.html

[2] https://www.egainnews.com/article/4792

澳大利亚政府为提高网络安全防御能力，宣布在未来 10 年内，在网络安全领域投入 13.5 亿澳元（约合人民币 66 亿元），其中 4.7 亿澳元（约合人民币 23 亿元）用于雇佣 500 名安全专家[1]。为保护个人数据安全，2019 年 8 月，澳大利亚通过了《消费者数据权利法案》，规定了诸多隐私和信息安全条款，使消费者拥有对数据的自主决定权，可以根据自身情况在不同产品和服务之间进行选择，更好地使用自己的数据[2]。

澳大利亚通过立法手段进一步加强网络内容管理。2019 年 4 月，该国的《刑法修正案》规定，互联网托管服务平台如果未能及时删除令人憎恶的暴力内容，那么提供托管服务的负责人将面临最高 3 年有期徒刑和数额为本人年收入 10%的罚款。

## （九）意大利互联网研发支出保持较高水平

意大利在世界互联网发展指数中排名第 23 位，在信息基础设施指数方面，排名第 30 位；在创新能力指数方面，排名第 17 位；在产业发展指数方面，排名第 29 位；在互联网应用指数方面，并列第 22 位；在网络安全指数方面，排名第 23 位；在互联网治理指数方面，并列第 12 位。意大利的互联网发展指数情况如总论图 9 所示。

意大利是继瑞士及英国后，欧洲第 3 个实现 5G 商用的国家。2019 年，沃达丰公司已经在米兰大都会地区、罗马、都灵、博洛尼亚和那不勒斯这 5 个城市开通了 5G 网络，2020 年将覆盖 45~50 个城市，2021 年将覆盖 100 个城市。除了沃达丰公司，意大利电信公司和 Fastweb 公

---

[1] https://new.qq.com/omn/20200630/20200630A0KAL400.html
[2] https://www.secrss.com/articles/13063

司也积极推出 5G 通信服务，意大利本国的 5G 建设竞争较为激烈[1]。为保障本国的 5G 网络安全，2019 年 11 月，意大利通过了《网络安全法》，重点对交易等进行审查，或行使否决权，使政府可以控制未来几年进入其 5G 电信市场的参与者[2]。

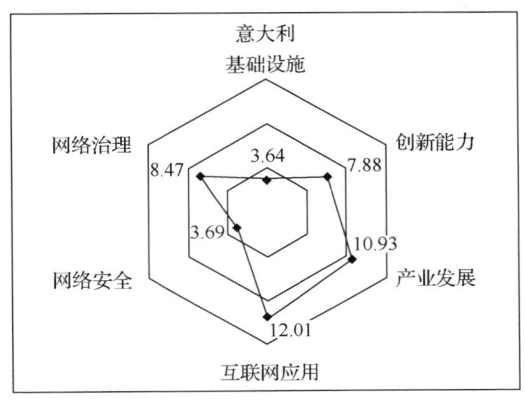

总论图 9　意大利的互联网发展指数情况

意大利总人口数量达 5900 多万，其中网民数量超过 4900 万。根据《2019 网络就绪度指数》，意大利的网络就绪度指数排名由 2016 年的第 45 名上升至第 34 名，主要原因是企业在互联网应用、互联网对经济影响等方面不断改善。意大利拥有约 5400 家高科技制造业企业，在欧洲排名前 4，与德国、英国和波兰并列。意大利国家统计局的数据显示，2019 年，在员工人数多于 10 人的公司中，94.5%的公司使用固定或移动宽带网络连接[3]。2020 年的疫情改变了意大利人的消费习惯，电子商务成为促进消费的主要引擎。根据安迈企业咨询公司（Alvarez & Marsal）的调查，

---

[1] https://tech.qq.com/a/20190607/000513.htm

[2] http://it.mofcom.gov.cn/article/jmxw/201911/20191102914026.shtml

[3] http://it.mofcom.gov.cn/article/jmxw/201912/20191202921059.shtml

过去，意大利是线上消费普及率较低的国家之一，2019年线上消费普及率为 6.3%，2020 年这一比例将增加至 8.3%[1]。

意大利在科学和技术研究上投入巨资，推动本国互联网创新能力的提升。根据欧盟委员会发布的《2020 年数字经济与社会指数》，意大利企业在信息通信技术领域的年均研发支出为 24 亿欧元，在欧盟地区排名第 4，前 3 名分别是法国（77 亿欧元）、德国（65 亿欧元）和英国（37 亿欧元）。在工业机器人的生产和使用，以及云计算、物联网和机器对机器通信等技术采用方面，意大利也高于欧洲平均水平，尤其是机器人密度[2]在全球排名前 10。根据国际机器人联合会发布的《全球机器人 2019——工业机器人》报告，意大利每 10000 名制造业员工拥有 200 台机器人，这一数据远远领先西班牙的 168 台和法国的 154 台[3]。

意大利数据保护监管机构负责本国的互联网监管，包括对数据的采集、处理等进行监督。2020 年 7 月，意大利电信运营商 Wind Tre 因未能实现对数据及数据主体权利的充分保护，被处以约 1700 万欧元罚款；另一个电信运营商 Iliad 则因交通数据采集问题等被处以 80 万欧元罚款[4]。

## （十）埃及互联网应用呈上升之势

埃及在世界互联网发展指数中排名第 41 位，在信息基础设施指数方面，排名第 42 位；在创新能力指数方面，排名第 43 位；在产业发展指数方面，排名第 41 位；在互联网应用指数方面，排名第 40 位；在网络

---

[1] http://it.mofcom.gov.cn/article/jmxw/202007/20200702980049.shtml
[2] 机器人密度是指工业机器人的数量与劳动力的规模之比。
[3] https://cloud.tencent.com/developer/news/447307
[4] https://www.secrss.com/articles/24328

安全指数方面,并列第 47 位;在互联网治理指数方面,并列第 42 位。埃及的互联网发展指数情况如总论图 10 所示。

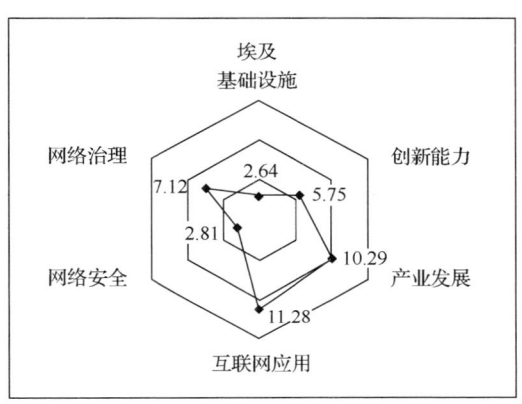

总论图 10　埃及的互联网发展指数情况

埃及在网络下载速率、网络资费、超级计算机建设等方面依然有很大的发展空间。根据《2019 网络就绪度指数》,埃及的网络就绪度指数得分为 38.58,排名由 2016 年的第 96 名上升至第 92 名,主要原因是互联网接入、政府对互联网的使用、网络安全、互联网对经济的影响等方面的得分有所提高。

埃及互联网应用呈上升趋势。埃及国家计划研究所调查发现,在 2020 年初暴发的疫情蔓延之前,只有 8% 的互联网用户选择在线购物,而疫情期间,在线消费数据迅速增长,预计电子商务销售额将增长 50% 以上[1]。在线教育的使用率也迅速增长。埃及教育部指定中国在线教育公司开发的线上学习平台 Edmodo 为埃及的 2200 万学生和 100 万以上的教师提供远程学习支持。2020 年 6 月,埃及通信和信息技术部与中国的华为公司

---

[1] http://www.ce.cn/xwzx/gnsz/gdxw/202007/13/t20200713_35311516.shtml

在阿斯旺大学建成人工智能教室,为阿斯旺和其他相对缺乏教育资源的省份提供技术培训[1]。

埃及对互联网治理较为严格,在本国网络治理方面有一定成绩,但在国际网络治理合作方面则仍需加大参与力度。埃及尤其重视对造谣诽谤、网络侵权等违法行为的治理。2018年7月,埃及国会通过一项媒体监管法案,授予政府权力对社交媒体用户加强管理,以打击虚假新闻。根据该法案,在推特、脸书等社交媒体上拥有超过5000名粉丝的账户和博客,如果发布虚假新闻或煽动违法行为将受到起诉。埃及媒体管理最高委员会将对包括网站、博客和个人账户等在内的社交媒体平台进行监督,并有权对违法行为采取行动。根据埃及思想和表达自由协会的报告,截至2019年3月,在埃及已经有500个网站被屏蔽[2]。埃及政府还十分重视本国的个人数据和信息保护。2019年6月,埃及通过《个人数据保护法》,规定禁止向外国转移或共享个人数据,违者将被处以罚款。

## 四、世界互联网发展趋势

纵观全球,展望未来,世界互联网发展进入新的变革期。受疫情持续影响,互联网作用进一步凸显,全球互联网用户数量持续增多。以人工智能、5G、物联网等为代表的新一代信息技术将不断创新发展,进一步影响和改变社会发展与生产生活方式。数字经济将加速与实体经济融合,为世界经济发展提供新动力。互联网媒体内容将不断丰富,促使世

---

[1] http://www.ce.cn/xwzx/gnsz/gdxw/202007/13/t20200713_35311516.shtml
[2] https://apnews.com/1540f1133267485db356db1e58db985b

界文化在互联网上交融发展与交流。网络安全威胁依旧突出，各国将不断提高自身网络安全防御能力。国际格局变化将进一步影响互联网，网络空间国际治理不确定性和脆弱性加剧。

未来，世界各国应坚持互联网的互联互通，站在人类命运共同体的高度，秉持网络空间命运共同体理念，以合作包容的态度合力推动互联网健康发展，加强互联网技术的合作创新，共同应对网络空间的风险挑战，让全世界更好地利用互联网、享受互联网。

## （一）疫情下对互联网的依赖程度上升，各国不断加强信息基础设施的建设

全球疫情大流行期间，远程医疗、在线教育、共享平台、协同办公、跨境电商等服务广泛应用，对保障社会稳定、促进经济稳定、推动国际抗疫合作发挥了重要作用。随着全社会对互联网需求的激增，信息基础设施建设的地位和价值将更加凸显，成为各国抢占技术新高地、打造经济新优势、掌握全球发展话语权的新发展引擎。世界各国不断加大对新型信息基础设施建设及研发的投入，将其作为本国现阶段重点战略发展方向，加速赋能经济社会各领域行业转型升级。未来，各国的 5G 网络将逐步全覆盖，物联网将连接更多设备，更多数据中心将不断建成，卫星互联网将逐渐投入使用。

## （二）疫情激发云端协同与智能化需求，互联网相关产业迎来新发展机遇

疫情激活了各行业以云端协同为核心的办公与运营模式，并成为各

行业主流办公与运营模式的重要补充,这将为信息技术等互联网相关产业带来新的需求增长。协同办公、远程控制等依托先进信息技术而实现的云端工作和运营模式在各行业的需求呈暴发式增长,这在一定程度上也会提升各行业未来办公和运营模式的信息化水平。此外,还将刺激包括集成电路、通信设备、计算机、智能终端、服务器等电子信息制造细分行业的需求和发展,也将为云计算、大数据、人工智能等软件与信息服务业带来更丰富的应用场景与需求。

## (三)世界数字经济面临巨大的不确定性,世界互联网技术生态呈现多元化趋势

数字经济带动实体经济通过互联网连接了全球市场,而且在疫情期间加速成长的新业态、新模式、新产业也在塑造全球经济的新增长点。但全球经济前景仍面临巨大的不确定性,既有上行风险,也有下行风险。面对疫情卷土重来的可能,贸易和投资限制措施增加,地缘政治不确定性上升,未来世界数字经济的发展呈现出不确定性。

同时,受个别国家的贸易保护主义与单边主义政策影响,国际供应链将更加脆弱。一些经济上对外依赖度较高的国家开始反思各自的产业政策,为减少对外部世界的过度依赖,部分国家尝试打造本国的技术生态,导致全球互联网技术生态分裂的威胁显著增强,全球科技创新合作受到严重阻碍。

在全球分工合作日益密切的背景下,为推动世界经济尽快复苏,各国应加强合作,以双边和多边协议等形式,从局部探索符合贸易实际和多方利益的规则,打造开放、透明、包容、非歧视性的行业发展生态以及稳定安全的全球供应链与产业链,加大数字领域国际合作。

## （四）各国数字化发展的不均衡可能进一步拉大世界数字鸿沟，全球共享数字化优势的需求更加紧迫

互联网的普及以及社会数字化的深化，给世界各国带来了发展红利，但不同国家之间和国家内部的数字化水平及推进速度仍存在巨大差距。例如，在数字化就绪度方面，发展中国家在信息通信技术基础设施、数字支付解决方案、技能和法律框架等多个领域远远落后于发达国家[1]。各国数字化发展的不均衡可能使世界数字鸿沟进一步扩大。

根据国际电信联盟调查，收费过高和数字技能缺乏仍是制约互联网普及与有效使用的主要因素，在最不发达国家尤其如此[2]。如何采取措施提高互联网不发达国家国民的数字技能，同时解决信息设备和服务价格过高等问题，是弥合世界数字鸿沟问题的重要方向。未来，如何缩小各国数字化差距、加快各国共享数字化红利，是世界面临的重大挑战，需要世界各国加快数字领域的国际合作，共同激活创新引领的合作动能，共同开创互利共赢的合作局面。

## （五）互联网媒体全能化趋势明显，内容分发走向精细化

以5G、人工智能和物联网为代表的新一代信息技术拓展互联网应用场景并寻求商业模式的建立，互联网媒体市场进一步拓宽。传统媒体加

---

[1] 资料来源：联合国贸易与发展会议上发布的《新冠疫情危机：重视亟须弥合的数字鸿沟》，见 https://unctad.org/en/pages/PublicationWebflyer.aspx?publicationid=2701，2020年4月。

[2] 资料来源：国际电信联盟发布的《全球52%的女性未能使用互联网 数字性别鸿沟正在扩大》，见 https://news.un.org/zh/story/2019/11/1044991。

速向数字媒体转型，视频流媒体快速发展，互联网媒体平台化趋势进一步显现。随着媒体融合的不断发展以及新技术的应用，兼具支付、交互、娱乐、咨询等多种功能的全能型媒体平台将成为未来互联网媒体发展的趋势之一。

同时，由于人工智能和大数据技术的应用拓展，信息内容的生产和分发方式将更加精细化，面向不同用户及不同使用场景的信息交互将更加普遍、智能。但是，随着网络信息发布量加大，虚假信息、恶意信息也同样增多，严重干扰互联网传播秩序，需要政府、企业和网民共同参与治理。

## （六）网络空间军事化竞争加剧，世界网络安全形势日趋严峻

网络空间重要性与日俱增，在各国不断增强自身网络安全防御能力同时，网络空间军事化趋势越发明显，对网络空间安全稳定带来巨大挑战。此外，如何保证本国的网络安全与通信安全，避免被网络监控，也是世界各国面临的一大难题。据美国《华盛顿邮报》报道，美国中央情报局（CIA）通过在瑞士加密通信设备公司 Crypto AG 销售的产品中植入加密漏洞，在数十年时间里持续监听全球上百个国家的保密通信。

全球网络安全形势依旧严峻。网络攻击、数据泄露、网络病毒等网络安全问题在各地频发，特别是疫情期间，线上工业、远程医疗的广泛使用将加剧全球网络安全风险，网络数据和隐私保护依旧是各国关注重点。

## （七）全球网络空间格局加速变化，互联网国际治理模式面临调整

国际格局和世界秩序的深度调整为网络空间治理带来新挑战与新机

遇。国际格局多极化趋势将更加明显，各国协同推动网络空间治理的重要性凸显。各国加大对网络空间发展的支持力度，强化网络安全、数据流动等领域的治理力度，为各国协同完善全球网络空间秩序奠定了基础。疫情将深刻改变人们的工作、生活方式，并催生一系列新的网络空间形态和治理手段。疫情背景下的技术创新将引发新一轮科技革命，网络空间治理将得到新技术支持。世界网络空间格局变化加速。

未来，国际格局深度调整叠加疫情影响，网络空间治理模式可能发生变化。国家行为主体的作用将显著上升，各国元首借助互联网进行交流将成为常态。以大型互联网公司为代表的非国家行为体对网络空间的影响逐渐扩大，传统国际组织对网络空间的影响力有待加强。非技术因素及各类"黑天鹅"事件将加剧网络空间国际治理变革，多利益攸关方治理模式有待探索和完善。

## 五、携手构建网络空间命运共同体

互联网是 20 世纪人类最伟大的发明之一。51 年前，人们发明了互联网，极大拓展了人类生产生活空间，缩短了全球距离，连接了世界各国，让国际社会越来越成为你中有我、我中有你的命运共同体。同时，新一轮科技革命和产业变革的孕育兴起，带动了数字技术强势崛起，创造了数字经济蓬勃发展。51 年后的今天，世界互联网进入重大变革期。新冠肺炎疫情全球大流行，经济全球化遭遇逆流，贸易保护主义和单边主义上升，世界经济低迷，国际贸易和投资大幅度萎缩，全球科技创新合作受到干扰，全球产业链供应链因非经济因素遭到破坏。

世界各国和各个国际组织等积极探索多方参与的互联网治理新模式。例如，为了推动各项相关建议，加强各国政府、私营部门、民间机构、国际组织、技术和学术界以及其他利益攸关方在数字空间的合作，联合国秘书长成立了数字合作高级别小组；中国从2014年开始每年举办的世界互联网大会，为世界各国互联互通、为国际互联网共享共治搭建了重要平台，在构建网络空间命运共同体方面做出了突出贡献，促进了各方共识不断扩大。

虽然国际格局和世界秩序的深度调整以及新冠肺炎疫情的全球大流行，导致网络空间的发展出现不确定性，但和平与发展的时代主题没有变，各国人民对和平发展、合作共赢的期待更加强烈。为积极应对网络空间风险挑战，不断开拓互联网中的新世界，需要国际社会加强沟通、凝聚共识、深化合作，携手构建网络空间命运共同体。

构建网络空间命运共同体，是人类命运共同体理念在网络空间的具体体现和重要实践，是把网络空间建设成造福全人类的发展共同体、安全共同体、责任共同体、利益共同体，是关乎全人类的前途命运、顺应信息时代发展潮流的必然选择。各国应当在尊重彼此核心利益的前提下，谋求共同福祉，应对共同挑战，让互联网更好地造福世界各国人民。

# 第 1 章　世界信息基础设施建设

## 1.1　概述

当前，人类社会正在进入新一轮科技革命和产业变革，以 5G、人工智能、物联网、工业互联网为代表的新型信息基础设施正逐步成为全球经济增长的新动能。各国高度关注新一代技术发展，加速赋能经济社会各领域行业转型升级，以抢占技术新高地、打造经济新优势、掌握全球发展话语权。

### 1. 基础网络加快演进升级

5G 进入全面商用新阶段，全球主流电信运营商加快 5G 网络部署，用户规模迅速扩大。固定宽带网络加快升级换代，全球固定宽带用户数量增速趋缓，但光纤用户数量保持高速增长态势。各国持续深化电信普遍服务，加快推进农村和偏远地区的宽带网络建设，进一步缩小数字鸿沟。空间信息基础设施建设竞争进入白热化，卫星互联网和卫星物联网建设步伐加快，全球卫星导航系统发展呈现新格局。

### 2. 应用基础设施平稳发展

以数据中心、人工智能、区块链为代表的智能基础设施加速建设，全球云计算市场快速发展，人工智能算力和算法不断优化，区块链公共基础设施迎来快速发展期，全球 IPv6 分配数量持续增加。

### 3. 新型设施加快全球布局

以沃达丰、AT&T、中国电信为代表的主流电信运营商加快布局蜂窝物联网，物联网感知终端连接数量呈高速增长态势，平台核心由最初的连接管理平台（CMP）逐步向设备管理平台（DMP）和应用使能平台（AEP）转变。全球工业物联网建设取得积极进展，网络设施和标识解析体系等核心基础设施建设提速；工业互联网平台市场规模持续扩大，对制造业数字化转型的驱动能力逐渐显现。

## 1.2 基础网络加快演进升级

全球基础网络设施加快建设，5G 网络部署取得显著进展，用户规模持续扩大；高速宽带网络建设提速，全球电信普遍服务有序推进；疫情期间，宽带网络关键支撑作用凸显；国际海底光缆建设进入高峰期，跨太平洋两岸海底光缆系统仍是重点方向；全球由高轨道和中低轨道星座组成的卫星互联网以及低轨道卫星物联网建设步伐不断加快，全球卫星导航系统升级换代在竞争中走向融合。

### 1.2.1 全球 5G 取得快速发展

#### 1. 5G 网络部署全面铺开

全球移动供应商协会（Global mobile Suppliers Association, GSA）数

据显示，截至 2020 年 5 月，全球已有 42 个国家和地区的 80 个电信运营商推出符合 3GPP 标准的 5G 商用服务。同时全球有 384 家电信运营商正在投资 5G 网络，这些网络处于测试、试验、试点、规划或实际已经部署等不同状态，95 家电信运营商已宣布在其网络中部署符合 3GPP 标准的 5G 技术。在 5G 业务提供方面，电信运营商可根据地理位置、终端型号、终端类型和用户等级等相关内容提供差异服务。

**2. 5G 用户规模快速扩大**

移动用户加速向 5G 迁移，根据爱立信移动报告，预计 2020 年底全球 5G 用户将达到近 2 亿，韩国、美国和中国等主要国家是 5G 用户增长的主要力量。2019 年 4 月，韩国在全球率先开通 5G 商用服务，通过终端补贴、资费补贴等手段，该国的 5G 移动用户数量增长突飞猛进。根据韩国政府公布数据，截至 2020 年 4 月，韩国的 5G 用户数达到 634 万，约占移动用户总数的 10%。美国的 5G 用户数也在不断增长，根据 M-Science 报告数据，截至 2020 年 7 月，美国的 5G 用户数已达到 408.2 万。

**3. 5G 终端不断丰富**

5G 终端进入蓬勃发展期，5G 手机价格不断降低。根据全球移动供应商协会（GSA）发布的全球 5G 终端生态系统报告，截至 2020 年 5 月，全球 84 家供应商已发布 296 款 5G 设备。其中，5G 手机设备和 5G 客户终端设备（CPE）占比排名前两位，分别是 119 款和 84 款。除此之外，还包括 5G 模块、笔记本电脑、无人机、平板电脑等设备。在全球范围内，韩国和中国在 5G 手机的渗透率方面处于世界领先优势，美国、俄罗斯、欧盟等国家和地区的 5G 手机渗透率也在持续提升，M-Science 报告数据显示，截至 2020 年 7 月，美国共售出 410 万部 5G 手机。

### 4. 5G 频谱分配落地并细化

5G 需要更宽的频段来支持更高的速度和更大的流量，全球主要国家的频谱分配方案逐步落地。在国际电信联盟（ITU）频谱规划框架下，各国根据自身频率划分和使用情况，制定 5G 频谱策略。根据全球移动供应商协会的报告，5G 主力频段是 700MHz、3400～3800MHz 和 24～29.5GHz，全球多数 5G 网络部署在 3.5G 中频频段。美国联邦通信委员会（FCC）提供高频毫米波频段，用于 5G 商用网络的部署。欧盟将 700MHz、3.4～3.8GHz、24.25～27.5GHz、31.8～33.4GHz、40.5～43.5GHz 等频段作为 5G 频段。在亚太地区，韩国三大运营商使用 3.5GHz 频段。中国也已明确划分 5G 频段，其中中国电信、中国联通和中国移动使用的 5G 频段分别是 3.4～3.5GHz、3.5～3.6GHz 和 2515～2675MHz、4.8～4.9GHz 频段。

## 1.2.2　4G 网络深度覆盖

### 1. 4G 网络建设不断深化

在全球范围内，推出 4G 网络服务的运营商数量持续增多。根据全球移动供应商协会统计显示，截至 2020 年 3 月底，全球有 797 家电信运营商推出了 LTE（Long Term Evolution）商用网络（包括移动+FWA）。其中 401 家电信运营商已推出 LTE 固定无线接入服务，729 家电信运营商可提供全面的移动 LTE 服务，234 家电信运营商持有 TD-LTE 服务频谱牌照。在部署技术方面，全球多达 325 家电信运营商已在商用网络中部署 LTE-Advanced 或 LTE-Advanced Pro 技术。此外，270 家电信运营商正在投资 VoLTE 技术，其中 210 家已经提供服务。

### 2. 4G 用户发展增速放缓

随着 5G 大规模商用，全球移动电话用户规模增长进入稳定期，4G 用户增速放缓，部分国家的 4G 用户加快向 5G 网络迁移。根据全球移动通信系统协会（GSMA）发布的数据，截至 2020 年 3 月，全球 4G 用户数量达到 41.99 亿户，占比达到 67.4%，对比 2019 年底仅提升 0.3 个百分点。中国的 4G 用户数量位居全球第一，达到 12.9 亿。日本和法国等国家的 4G 用户数量仍在快速增加，同期增长超过 10%。韩国的 4G 用户从 2019 年开始出现负增长，2020 年 3 月，该国家的 4G 用户规模比 2018 年底减少了 98.3 万户。2013—2020 年 3 月全球主要国家的 4G 用户占比情况如图 1-1 所示。

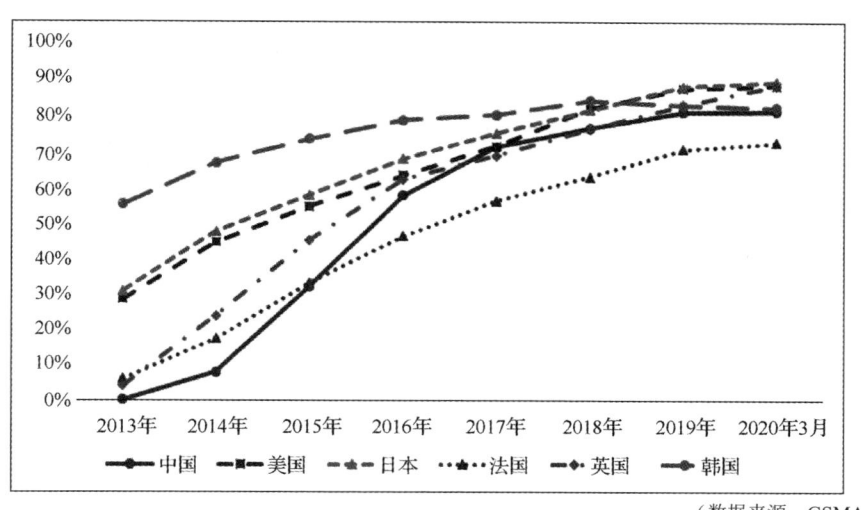

（数据来源：GSMA）

图 1-1　2013—2020 年 3 月全球主要国家的 4G 用户占比情况

### 1.2.3　高速宽带网络建设提速

**1. 固定宽带用户数量增长放缓**

全球固定宽带用户数量增长放缓，部分国家和地区的用户数量出现下降趋势。根据 Point Topic 数据，截至 2020 年 3 月，全球固定宽带用户数量达到 11.3 亿户，同比增长 5.8%，对比上一季度 6.8% 的增长率略有下降。全球 FTTH 用户数量持续增加，达到 5.03 亿户，其中 FTTH 用户季度净增量居前两位的分别是中国（689 万户）和巴西（123.8 万户），FTTH 季度增长率居前两位的分别是比利时（26.3%）和泰国（14.2%）。2013—2020 年 3 月全球固定宽带用户增长情况如图 1-2 所示。

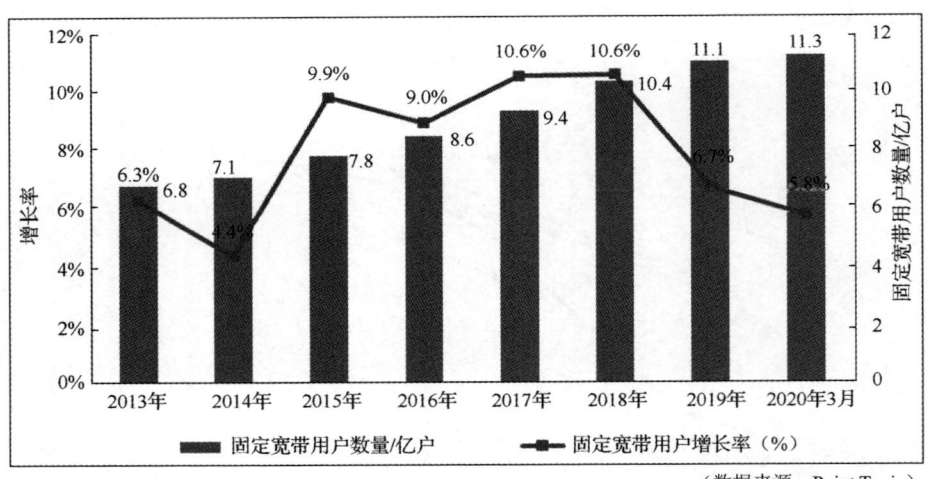

（数据来源：Point Topic）

图 1-2　2013—2020 年 3 月全球固定宽带用户增长情况

**2. 全球电信普遍服务持续推进**

为进一步缩小数字鸿沟，各国不断深化电信普遍服务，陆续出台了相关政策及法案,助推农村地区的宽带网络建设。2020年3月,丹麦能源局制定了2020年宽带补贴计划草案,政府拨款1亿丹麦克朗(约合1500万美元)用于农村地区的宽带网络建设。2020年5月,美国出台了《普遍宽带法案》,该法案把普遍服务基金(USF)的支持范围扩大到宽带服务,要求美国联通信委员会根据需要设置缴费率,为所有美国公民提供服务,并且优先支持欠服务地区及部落区域等。英国监管机构Ofcom提出对提供宽带普遍服务的电信运营商给予补偿,并要求英国电信运营商BT和Kcom自2020年3月起履行宽带普遍服务义务(USO)。

### 3. 为疫情期间的办公和生活提供有力支撑

2020年,新冠肺炎疫情蔓延给全球带来了巨大的影响和冲击。疫情期间,宽带网络有力支撑了社会经济运行和人们的生产生活,为全球宽带用户实现远程办公、视频会议及远程教育等提供坚实的保障。同时,美国、加拿大、英国、俄罗斯、欧盟等国家和地区的家庭互联网使用流量大幅度增加。根据Comcast数据,2020年3月,美国互联网音视频通话流量总计增长了212%,超出有记录以来高峰流量的32%。加拿大政府数据显示,从2020年3月中旬到4月下旬,有线互联网下载量和上传量分别增长了48.7%和69.2%。英国成年人的互联网使用量达到创纪录水平;根据Opinium研究数据,英国69%的用户在家远程办公,62%的用户通过视频电话与家人和同事联系,这一比例仍在增加。

## 1.2.4 国际网络建设迎来重要发展窗口期

### 1. 国际互联网带宽需求不断增长

随着全球5G移动网络的大规模部署,宽带速率的显著提升继续推动网络流量的迅速增长，人工智能、虚拟现实等新兴产业成为下一代大带宽需求的驱动力。根据 TeleGeography 数据，截至 2020 年 6 月，全球国际互联网带宽达到 618Tb/s，已接近 2016 年底同类数据的 3 倍。非洲和亚洲内部国际互联网带宽需求快速增长，2016—2020 年 6 月，这两地区的互联网宽带复合年均增长率（CAGR）分别达到 46% 和 40%。美国仍是全球互联网流量流向的首要区域，其中带宽容量最大的区域路由为拉丁美洲—美国，2020 年该区域路由带宽提升 30%，达到 56Tb/s。2016—2020 年 6 月各区域国际互联网带宽复合年均增长率如图 1-3 所示。

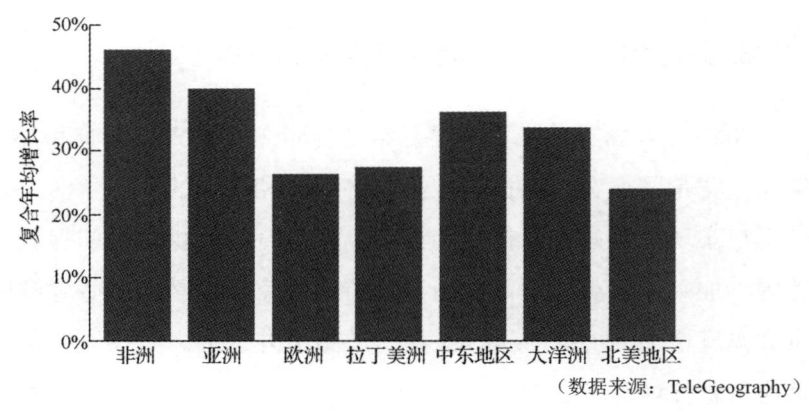

图 1-3　2016—2020 年 6 月各区域国际互联网带宽复合年均增长率

### 2. 国际海底光缆建设进入高峰期

从全球视角看，国际互联带宽需求和海底光缆替换周期共同推动海底光缆建设进入新的高峰期。根据 TeleGeography 数据，截至 2020 年 1 月，全球约有 406 条在用海底光缆，总长度超过 120 万千米，2016—2020 年，总长度超过 40 万千米的 107 条新建海底光缆陆续投产。东亚和北美是世界上互联网两大热点地区，两者之间平等互联是大势所趋，同时得益于中国香港、洛杉矶、旧金山的开放市场和配套完善的数据中心集群，以这些国际自由港为登陆点的海底光缆自然成为海缆业界投资的新热点。从 2019—2020 年投产或在建的海底光缆系统来看（见表 1-1），跨太平洋两岸海底光缆系统是重点方向。此外，国际海底光缆持续向更多的国家延伸，近几年包括所罗门群岛、库克群岛在内的多个国家或岛国通过海底光缆方式接入全球互联网。

表 1-1  2019—2020 年投产或在建的重点海底光缆系统统计

| 序号 | 海底光缆名称 | 连接国家和地区 |
| --- | --- | --- |
| 1 | SJC2 | 连接新加坡、泰国、越南、中国香港、中国大陆、韩国和日本 |
| 2 | EllaLink | 连接欧洲和拉丁美洲 |
| 3 | Dunant | 连接美国东海岸和欧洲 |
| 4 | Blue-Raman | 连接印度、意大利、以色列、阿曼苏丹国和约旦 |
| 5 | Deep Blue | 连接美国和古巴 |
| 6 | Curie | 连接美国和智利 |
| 7 | JGA-S | 连接千叶、关岛和澳洲北部 |
| 8 | PEACE | 连接亚洲、非洲和欧洲 |
| 9 | Bay to Bay Express | 连接新加坡、中国香港和美国 |
| 10 | 2Africa | 连接非洲、欧洲和中东地区 |

## 1.2.5  空间信息基础设施建设竞争进入白热化

### 1. 卫星互联网组网建设步伐加快

目前，全球主要卫星制造商和运营商都在积极发展由高轨道卫星、中低轨道星座组成的卫星互联网。高轨道卫星发展较为平稳，仍然是传统龙头企业在不断制造和发射卫星，预计 2020 年以后，高轨道卫星（GEO）的订单约为每年 10～15 颗。目前，代表性的在轨 GEO HTS 是美国 Viasat 公司的 Viasat-2 和 Hughes 公司的 Jupiter-2，容量分别达到 300Gb/s 和 220Gb/s，在建的 Viasat-3 和 Jupiter-3 的容量将分别达到 1Tb/s 和 500Gb/s，它们将于 2021 年和 2022 年发射。在中轨道星座方面，O3b 是目前全球唯一商用化的中轨道宽带星座系统，其一期 20 颗卫星已经全部在轨运行，二代 mPower 星座卫星在建设中，建成后容量将得到极大提升。在低轨道星座方面，对于卫星频率和轨道位置的争夺日趋白热化，SpaceX 一马当先，截至 2020 年 6 月，其先后发射 8 批共计 480 颗小卫星。当卫星规模达到 800 颗时，星链星座将基本具备服务全球的能力。

### 2. 全球卫星物联网发展进入加速期

低轨道卫星物联网（LEO IoT）是解决地面物联网在海洋、山区、沙漠等区域覆盖能力不足的有效手段，采用低轨道卫星星座实现物联网，具有时延低、传输损耗小、全球无缝覆盖（含两极）、能解决特定地形内通信效果不佳问题等优势。随着低轨道小卫星星座的快速发展，全球卫星物联网发展进入加速期。除此以外，多个国家的卫星物联网计划正在实施中，加拿大 HeliosWire 公司计划发射 30 颗卫星构建空间物联网，利用 S 波段 30MHz 带宽，支持 50 亿个传感器的数据采集；美国开普勒通信公司（Kepler Communications）计划在 2023 年，完成由 140 颗工作在高度为 575 km 极轨道上的纳卫星构成的空间网络部署，分 3 个阶段建设；中国航天科技集团建设运营的鸿雁通信卫星星座系统，是一个全球低轨道卫星移动通信与空间互联网系统，初期由 50 多颗卫星组成，最终将由 300 多颗低轨道小卫星组成，可在全球范围内提供移动通信、宽带互联网接入、物联网、导航增强、航空数据业务、航海数据业务六大应用服务。

### 3. 全球卫星导航系统发展呈现新格局

全球卫星导航多系统共存格局形成，兼容互操作成为共识和发展主流，提供多样化服务、对系统进行升级换代成为新一轮竞技焦点。美国卫星导航系统（GPS）于 2018 年成功发射首颗 GPS IIIA 卫星，计划在 2023 年完成 10 颗 GPS IIIA 卫星部署，在 2034 年完成 22 颗 GPS IIIF 卫星部署。俄罗斯 GLONASS 计划在 2030 年建成以 GLONASS-KM 为主体的卫星星座，在 2025 年之前发射 6 颗高轨道卫星 GLONASS-B，使东半球网络性能提升 25%。中国在 2020 年 6 月成功发射北斗系统第 55 颗导航卫星，标志着中国北斗三号全球卫星导航系统星座部署全面完成；2035 年将建成以北斗为核心，多种手段相互补充、备份、增强的国家综合定位导航授时体系。欧洲 GALILEO 计划在 2020—2024 年发射 4 颗第三批完全运行能力（FOC）卫星，2025 年开始发射第二代卫星，2035 年左右具备第二代系统的完全服务能力。

## 1.3 应用基础设施平稳发展

全球应用基础设施迎来关键发展期，数据中心规模平稳增长，国际数据中心龙头企业加大全球业务扩张力度；云计算与边缘计算基础设施发展潜力巨大、市场发展空间广阔；以人工智能、区块链为代表的新型基础设施技术正逐步成为各国战略重心；全球域名市场和设施建设稳步推进，IPv6 商用部署全面展开，普及率和流量稳步上升。

### 1.3.1 全球数据中心数量平稳增长

**1. 全球数据中心向亚太地区集聚**

近一年来,亚太地区和欧洲、中东地区和非洲地区的数据中心新增数量最多,欧美传统数据中心业务市场基本饱和,大型跨国企业继续在全球各大区域建设数据中心,以增强企业的全球化服务能力。根据 Synergy Research 的数据,亚太地区的数据中心数量占全球数据中心总量的 60%以上,其中美国占比最高,占 40%,其次是中国。日本也快速扩张,使亚太地区成为数据中心增长最快的市场。新加坡、马来西亚、印度等作为新兴市场经济增长迅速,利用成熟的 IT 产业发展环境、充足的能源供给、优惠的政策、完善的法律法规、丰富的国际海底光缆资源吸引大量国际公司入驻,以形成产业聚集效应,为带动经济跨越式发展起到了良好的助推作用。

**2. 国际数据中心龙头企业加大全球业务扩张力度**

国际领先的数据中心龙头企业加大全球业务扩张力度,通过投资并购等方式在全球各地建设数据中心提供全球化服务。Synergy Research 的调查报告表明,2019 年数据中心相关的并购交易数量首次突破 100 件大关,相比 2018 年增长了 6%,是 2016 年交易数量的两倍以上。在 2015—2019 年,世界两大领先的托管服务提供商 Digital Realty 和 Equinix 的交易额合计占总交易额的 31%。Digital Realty 在北美、欧洲、东南亚和澳大利亚等 30 多个不同的市场运营数据中心,2019 年以 84 亿美元的价格收购欧洲 Interxion 公司,被誉为历史上规模最大的数据中心收购交易。Equinix 在世界五大洲共拥有超过 200 个数据中心,涵盖 52 个主要市场,

2019 年，Equinix 收购 Switch 公司位于荷兰阿姆斯特丹的 AMS1 数据中心和墨西哥的 3 个数据中心交易。

**3. 跨境数据政策加快本地数据中心建设**

近年来，多个国家实施跨境数据流动限制政策，导致本地数据中心增多。韩国、俄罗斯、马来西亚、委内瑞拉和尼日利亚等国家都制定了相关法规，要求部分 IT 基础设施在境内存放，这导致这些国家数据中心本地化建设需求加大。目前，对跨境数据流动的限制主要按两个方案执行：一是要求在境内建设数据中心，二是要求数据必须存储在境内。一些国家将企业在境内建立数据中心作为允许其开展服务的条件之一。越南要求所有的互联网提供者包括谷歌、脸书等公司在境内建设至少一个自己的数据中心。印度政府要求企业必须将部分 IT 基础设施放在境内，以供检查部门访问加密信息。

## 1.3.2 云计算与边缘计算基础设施发展潜力巨大

**1. 全球云计算竞争格局加剧**

在全球范围内，云计算市场保持竞争态势，AWS 公司继续主导全球云基础设施服务市场，但市场份额已经开始下降。根据 Canalys 最新调研报告，2019 年 AWS 公司以 32.3%的份额雄踞第一；排名紧跟其后的分别是 Azure（16.9%）、谷歌云（5.8%）、阿里云（4.9%）。在中国，阿里云占据半壁江山，以 63.8%的增速保持高速增长，与谷歌云的市场份额差距正在快速缩小。目前，云计算产业初步形成了三大主流竞争阵营，即互联网阵营、IT 阵营和电信运营商阵营。在这三大阵营中，互联网阵营主要面向公有云市场，为中小企业和独立开发者提供公有云服务。IT

阵营主要面向大客户提供私有云产品和方案。电信运营商则同时进入公有云和私有云市场，提供 IaaS 公有云服务、政府和行业云托管及定制服务。

### 2. 全球边缘计算市场发展空间广阔

边缘计算已成为物联网、5G 移动通信、云计算等领域的研究热点，各类产业联盟、标准化机构、开源组织、商业企业均在积极推进边缘计算的研究、标准化、产业化活动。全球边缘计算市场主要由欧美企业主导，各大云计算、芯片、系统集成企业纷纷推出各自的边缘计算方案。在亚太地区，日本、韩国和中国的企业也积极推进边缘计算在通信、工业、健康医疗、智慧城市等方面的应用，成为另一个全球边缘计算研发及产业化活跃地区。根据 Markets and Markets 的报告，2019 年全球边缘计算市场规模为 28 亿美元，预计 2024 年该市场规模将增长至 90 亿美元，复合年均增长率（CAGR）达到 26.5%。

## 1.3.3 人工智能平台迎来快速发展期

### 1. 主要国家发布人工智能战略

全球迎来人工智能新一轮发展浪潮，主要国家均密集发布人工智能战略，强化人工智能基础设施布局，重视数据、算法的投入。2019 年 1 月，欧盟推出"AI FOR EU"项目，旨在建立人工智能开放协作平台，整合欧洲企业的数据、计算、算法和工具等人工智能资源，提供统一开放服务。美国于 2019 年 6 月和 2020 年 2 月相继发布了《国家人工智能研究和发展战略计划》与《联邦政府数据战略与 2020 行动计划》，提出开发用于人工智能训练及测试的公共数据集和环境,并建立联邦数据资源库及标准库,评估数据基建成熟度。

**2. 人工智能平台建设卓有成效**

人工智能平台基础设施是聚焦人工智能重点细分领域,有效整合技术资源、产业链资源和金融资源,持续输出人工智能核心研发能力和服务能力的开源、开放创新载体。各国均加快人工智能平台建设布局,美国以市场为主导,谷歌、亚马逊、微软等科技巨头主动投入资金建立人工智能开放平台,完善各自的产业生态,同时政府积极搭建面向特定应用领域的人工智能开放平台。欧盟通过政府主导的模式建设全域通用的人工智能开放平台,致力于提供世界级的人工智能工具、组件、模块、知识、算法和案例。

## 1.3.4 区块链发展迎来暴发期

**1. 各国区块链战略脱虚向实**

世界各国非常重视区块链在实体经济领域的应用,部分国家对加密货币明确了监管政策,区块链战略脱虚向实已成为整体态势。中国、荷兰、韩国、德国、美国、英国、澳大利亚等国家在探索区块链技术研发与应用落地方面更加积极主动。德国于2019年9月发布了《德国联邦政府区块链战略》,确定五大领域的行动措施,加速德国区块链产业发展,重点引导和强调在区块链在"非币"方面的应用。美国虽然认可区块链技术并鼓励其发展,但是对于这种新兴技术一直保持着严谨的监管态度,目前美国对区块链的监管侧重打击加密货币领域的违法行为,但对区块链的应用也呈现日益积极的态度。

### 2. 区块链公共基础设施成为战略重心

世界主要国家及区域正开展面向国家级、区域级区块链公共服务基础设施的积极探索。欧盟部分成员国签署协议，计划建立一个欧洲区块链服务基础设施（EBSI），使它成为连接欧洲的分布式节点网络基础设施，以支持欧洲公共管理机构和金融服务，其首个节点已于2020年2月在比利时推出。2019年9月，巴西圣保罗市宣布开始使用区块链技术为公共基础设施项目创建适当的注册机构。爱沙尼亚自2018年底起通过无钥签名基础设施为公民提供安全的区块链数字身份公共服务。

## 1.3.5 域名市场和IPv6建设稳步推进

### 1. 全球域名市场规模持续增长

全球域名注册市场增长势头全面向好，各类顶级域同比均有增长。根据VeriSign数据，截至2020年3月，全球域名注册市场规模约为3.67亿个，相比2019年第四季度增加450万，增幅为1.2%，域名注册量同比增长1490万，增幅为4.2%。国家和地区代码顶级域（ccTLD）、通用顶级域（gTLD）和新gTLD市场规模均持续增长。其中.com和.net顶级域名注册量达到1.6亿个，与同期相比增加590万个，增幅为3.8%。2013—2020年3月全球域名注册量统计如图1-4所示。

### 2. 根镜像节点数量逐年增长

根镜像扩展仍是提升互联网域名解析效率和安全性的重要方式，全球根镜像数量保持增长态势。根据互联网名称与数字地址分配机构（ICANN）数据，截至2020年3月，全球根服务器及其镜像服务器数量达到 1253 个，同比增长 15.4%，已覆盖 140 余个国家和地区，为全球用户提供就近的根解析服务能力。其中根镜像数量全球排名前三位的国家分别是美国（239 个）、巴西（40 个）和德国（37 个），中国已批准 13 个根镜像服务器，数量在全球排名第 19 位。随着信息通信技术业务的快速发展，根服务器运行机构大多以设置镜像服务器的方式形成全球分布式架构，将显著提升域名解析效率和网站访问速度。

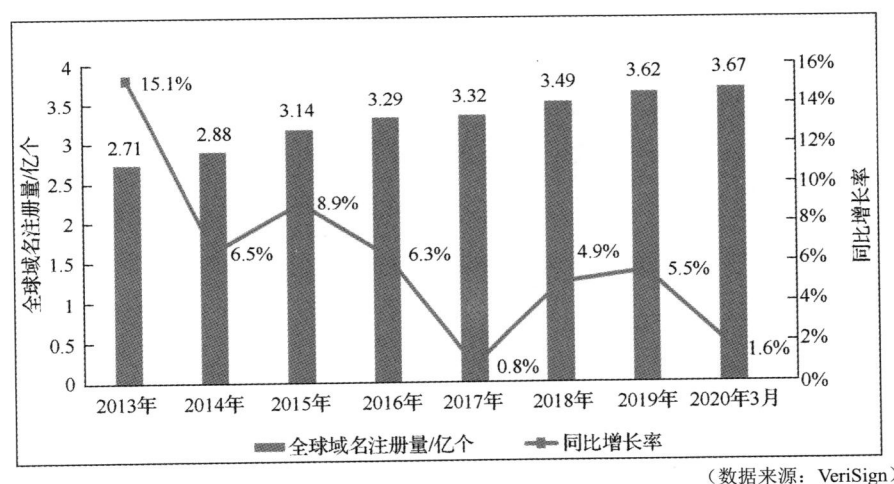

（数据来源：VeriSign）

图 1-4　2013—2020 年 3 月全球域名注册量统计

### 3. 全球 IPv6 分配数量持续增加

由于 IPv4 网络地址资源有限，无法支撑电信业的迅猛发展，因此能够满足未来物联网、云计算等业务对大量地址需求的 IPv6 技术迎来快速发展期。根据数字资源组织（NRO）数据，截至 2020 年 3 月，全球已分配的 IPv6 地址总量为 304956 块（/32），同比增长 10.1%。中国和美国的 IPv6 地址分配数分别为 47860 块（/32）、54944 块（/32）。2013—2019

年，中国 IPv6 地址分配数增长明显，复合年均增长率达到 19.2%，而美国的这一数据仅为 5.9%。2013—2020 年 3 月全球 IPv6 地址分配数量如图 1-5 所示。

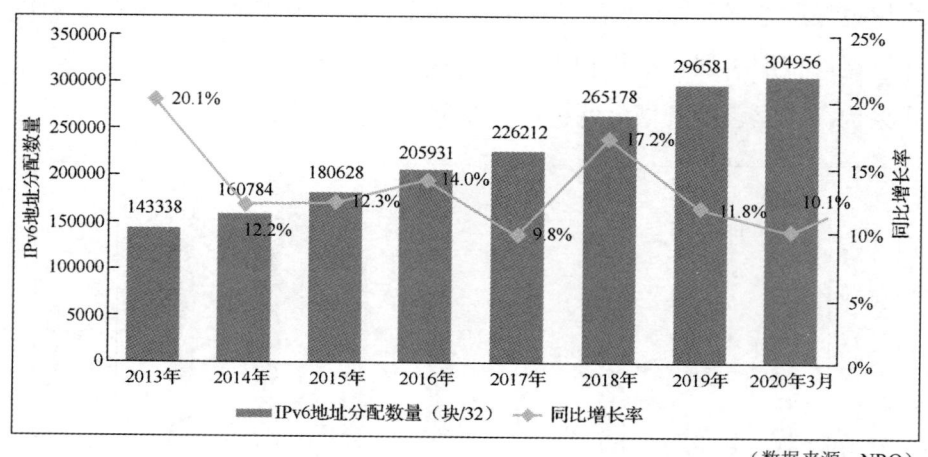

（数据来源：NRO）

图 1-5　2013—2020 年 3 月全球 IPv6 地址分配数量

### 4. 全球积极推进 IPv6 商用部署

全球 IPv6 部署推进迅速，主要发达国家的 IPv6 部署率稳步提升，部分发展中国家也在同步推进。根据亚太互联网络信息中心（APNIC）数据，截至 2020 年 5 月，IPv6 部署率排名全球前 3 的国家和地区分别是印度（68.5%）、比利时（57%）和马约特岛（54%），中国 IPv6 部署率为 16.2%，全球排名 43 位。全球 IPv6 用户规模庞大，活跃用户数量显著增加。2020 年 3 月，根据亚太互联网络信息中心预测，2020 年 IPv6 用户数量较多的国家将是印度（3.6 亿户）、美国（1.4 亿户）和中国（1.3 亿户）。

## 1.4 新型设施加快全球布局

全球新型设施深化布局,全球主流电信运营商加快建设蜂窝物联网,以智慧城市、车联网、智能家居为代表的物联网应用市场持续活跃;全球工业互联网的发展已呈现出关键技术加速突破、基础支撑日益完善、融合应用逐渐丰富、产业生态日趋成熟的良好态势。

### 1.4.1 全球物联网设施加快部署

**1. 全球主流电信运营商加快布局蜂窝物联网**

在万物互联背景下,为满足未来广大垂直行业应用需求,以 NB-IoT 和 eMTC（LTE-M）技术为主的蜂窝物联网快速发展。根据全球移动供应商协会数据,截至 2020 年 4 月,全球已有 123 家主流电信运营商在 59 个国家部署了 154 个 NB-IoT 和 eMTC（LTE-M）网络,其中 NB-IoT 网络有 109 个,eMTC（LTE-M）网络有 45 个,有多达 31 个国家同时部署了 NB-IoT 和 eMTC（LTE-M）网络。沃达丰作为拥有全球最广泛网络覆盖的电信运营商,已在 12 个国家开通了 NB-IoT/ eMTC（LTE-M）商用网络,允许在全球近 20 张网络进行漫游。根据中国政府数据统计,中国三大电信运营商已完成全国县级及以上城区的 NB-IoT 网络覆盖,部署的 NB-IoT 基站超过 70 万个,终端用户规模超过 10 亿户。

**2. 物联感知终端连接数量高速增长**

随着 5G 时代的到来,加速推进全球物联网从碎片化、孤立化应用为主的起步阶段迈向"重点聚焦、跨界融合"的大规模建立连接阶段。根据全球移动通信系统协会数据，2019年全球蜂窝物联网连接增速达到43%，总连接数接近17亿个。其中，中国移动的蜂窝物联网连接数已达到8.8亿个，稳居世界第一；沃达丰的蜂窝物联网连接数超过8700万个，AT&T连接数超过7000万个。全球移动通信系统协会数据显示，预计到2025年，全球蜂窝物联网连接数将超过35亿个，其中亚太地区成为最大的物联网连接市场，北美地区和欧洲紧随其后。无论从总量上还是增速上，物联网已经成为全球电信运营商具有明显价值的战略性业务。2015—2025年全球和中国蜂窝物联网连接数如图1-6所示。

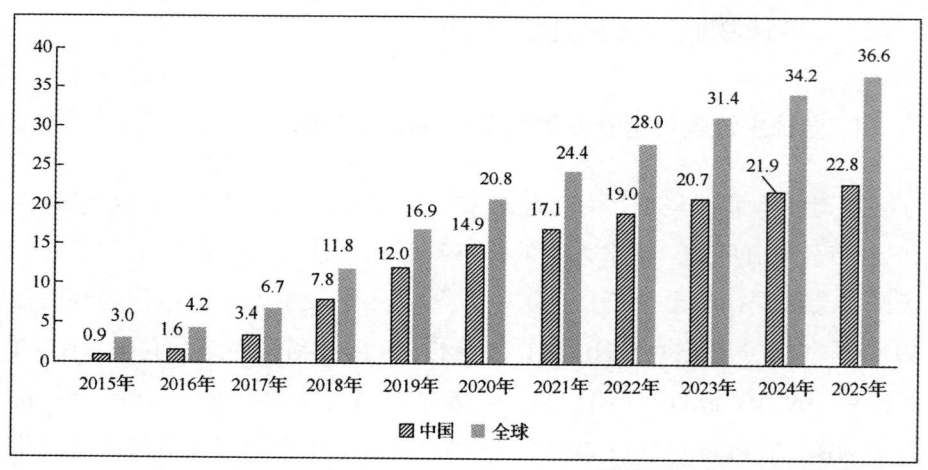

（数据来源：全球移动通信系统协会）

图1-6　2015—2025年全球和中国蜂窝物联网连接数（亿个）

## 1.4.2　全球物联网平台加快建设

**1. 物联网平台逐步成为产业生态核心**

随着5G、工业物联网等新兴技术的快速发展，物联网平台产业生态逐渐形成，市场竞争日益激烈，物联网平台核心由最初的连接管理平台（CMP）逐步向设备管理平台（DMP）和应用使能平台（AEP）转变。根据 Verizon 报告，预计到 2020 年底，物联网平台市场规模将达 16 亿美元。目前，连接管理平台已基本实现标准化，平台市场由通信设备供应商主导，主要包括 Jasper CC 平台、爱立信 DCP 平台、沃达丰 GDSP 平台、华为 Hilink 平台等主流连接管理平台。设备管理平台发展较早，多与连接管理平台捆绑销售。而应用使能平台仍处于发展初期，成为大、中、小、初创企业的竞争焦点，AWS、微软、IBM Watson 以及 Thingworx/PTC 均集焦应用使能平台。随着物联网应用快速落地，应用使能平台将迎来快速发展阶段。

**2. 物联网加速赋能新型智慧城市建设**

世界各地主要城市相继制定以物联网技术推动公共服务水平提升的新战略。根据 Frost&Sullivan 报告，预计到 2025 年，在全球范围内结合物联网和人工智能的智慧城市市场价值将超过 2 万亿美元，其中排名前 600 位的智慧城市市场价值将占全球 GDP 的 60%。美国凭借其在芯片、软件、互联网等领域技术优势，在智慧城市框架下大力推进射频识别（RFID）、传感器、M2M 应用，目前已广泛用于电力、工业、农业、环境监测、建筑、医疗等领域。欧盟的物联网应用场景集中在电力、交通以及物流领域。日本很早就启动了物联网应用，将车联网、智能城镇以及绿色 ICT 作为物联网示范工程。

**3. 各国相继发布政策推进车联网发展**

车联网作为信息化与工业化深度融合的重要领域以及 5G 垂直应用落地的重点方向，具有巨大的产业发展潜力、应用市场空间和可观的社会效益。世界各国相继发布相关政策，2019年7月，美国发布了《国家人工智能战略（2019）》，提出建设强大的智能交通系统。从2019年9月起，中国相继发布《交通强国建设纲要》《推进综合交通运输大数据发展行动纲要（2020—2025年）》等文件，提出加强智能网联汽车（智能汽车、自动驾驶、车路协同）研发，形成自主可控的完整产业链，预计在2020年底基本建成国家车联网产业标准体系。2019年10月，欧洲汽车工业协会在世界智能网联汽车大会（WICV）上指出，欧盟计划在2020年实现部分场景下的自动驾驶，到2022年实现所有新车全部接入互联网，到2030年迈向全自动化出行。

#### 4. 智能家居市场未来发展潜力巨大

智能家居作为新兴产业，处于导入期与成长期的临界点，随着相关智能应用逐步落地，消费者使用习惯的形成，智能家居市场将迎来大规模暴发。根据Mordor Intelligence市场研究报告，在2019—2024年期间，全球智能家居市场规模将持续增长，复合年均增长率（CAGR）将达到25%。随着公众对家庭安全问题关注度的提高，"安全和控制"设备将成为智能家居应用中增长最快的领域。在全球范围内，美国是全球智能家居市场的消费主动力，这方面的需求度远高于其他国家。根据Statista公司发布的数字市场前景分析（DMO）报告，预计2020年美国在智能家居领域的支出将达到249.72亿美元，占全球智能家居领域总支出的29.5%。

### 1.4.3 工业互联网建设取得重大进展

#### 1. 工业互联网网络设施建设初见成效

工业互联网是构建工业环境下人、机、物全面互联的网络基础设施，已成为驱动各国工业制造业高质量发展的关键动力。全球主流电信运营商加快建设低时延、高可靠性、大带宽的企业外网，同时 5G、边缘计算、时间敏感网络、软件定义网络、IPv6 等网络技术不断发展，逐渐具备满足生产控制高要求的能力。中国电信运营商利用 5G 技术开展工业互联网内网改造，有效促进内网无线化、扁平化、IP 化发展，在外网建设方面，通过改造升级现有网络、建设新型网络等多种方式，构建低时延和高可靠性的外网。德国电信积极推进工业数字化，2020 年 4 月，德国电信联手爱立信启用首个 5G SA 专用网络，将有助于加快一系列工业 4.0 和互联的网络基础设施项目的推进。

### 2. 主要国家出台工业互联网支持政策

主要国家从本国产业实际情况出发，加快建设和完善适应未来发展趋势的产业结构、政策框架和管理体系，中国、俄罗斯、韩国、意大利等国相继出台政策文件推动工业互联网发展。2020 年 3 月，中国工信部发布了《关于推动工业互联网加快发展的通知》，明确提出加快新型基础设施建设、加快拓展融合创新应用、加快健全安全保障体系等 6 个方面共 20 项具体举措。2020 年 4 月，俄罗斯政府批准出台了《国家制造业发展关键战略》，旨在形成具有全球竞争力的高潜力工业领域，该战略设想将制造业占 GDP 的比重从 14% 提高至 17%。2020 年 5 月，韩国政府发布了《2020 年智能机器人行动计划》，计划为韩国制造业和服务业提供 1500 台先进工业机器人，推进 5G、人工智能和机器人的融合创新。

### 3. 工业互联网标识解析体系逐步完善

标识解析体系是工业互联网重要的网络基础设施，是实现工业企业数据流通、信息交互的关键枢纽，是跨系统、跨企业、跨地域实现数据共享的基本前提。工业互联网标识解析体系通过赋予每一个实体物品（产品、零部件、机器设备等）和虚拟资产（模型、算法、工艺等）唯一的"身份证"，实现全网资源的灵活区分和信息管理，是推动全球工业体系新一轮变革的重要基础。目前全球范围内已形成 Handle[1]、OID[2]、GS1[3]、Ecode[4] 等多种相对独立的标识解析体系。其中，Handle 在数字出版、数字内容等领域获得成功应用与实践，全球已设立 10 个 Handle 根系统，分别部署在美国、中国、德国、英国、沙特阿拉伯、南非、卢旺达、突尼斯、俄罗斯和国际电信联盟（ITU）。OID 被全球 200 多个国家和地区采用，在信息安全、网络管理、医疗影像等领域应用广泛。根据 GS1 的年度报告，GS1 在全球拥有 114 个区域成员机构，覆盖五大洲的主要国家，在零售、物流、电子商务等领域已建立成熟应用体系，全球超过 200 万企业使用 GS1 标识，日均解析量达到 60 亿。

### 4. 工业互联网市场持续高速增长

全球工业互联网平台保持活跃创新态势，对制造业数字化转型的驱动能力正逐渐显现，根据 Markets and Markets 预测，2023 年和 2025 年全球工业互联网平台市场规模将分别增长至 138 亿美元和 199 亿美元。美国、欧洲和亚太地区依然是当前工业互联网平台发展的焦点地区，随着 GE、微软、亚马逊、PTC 等巨头企业积极布局工业互联网平台，以及

---

[1] Handle 系统是一套由国际 DONA 基金会组织运行和管理的全球分布式管理系统。Handle 系统是数字对象架构（Digital Object Architecture，DOA）的主要实现形式，采用分段管理和解析机制，实现对象的注册、解析与管理。

[2] 对象标识符（Object Identifier，OID）是由 ISO/IEC、ITU 共同提出的标识机制，用于对任何类型的对象、概念或事物进行全球统一命名，一旦命名，该名称终生有效。

[3] GS1（Global Standard 1）是由国际物品编码协会建立的一种标识体系。GS1 由三大体系构成，包括编码体系、载体体系、数据交换体系，可以对物品供应链全生命周期的各类数据信息进行标识。

[4] Ecode 是自 2019 年 4 月 1 日开始实施的一项中国国家标准，标准号为 GB/T 36605—2018。

各类初创企业持续带动前沿平台技术创新，美国平台发展具有显著的集团优势。紧随其后的是西门子、施耐德、博世等欧洲工业巨头，立足自身领先制造业基础优势，推动新兴产业加快发展。中国、印度等新兴经济体的工业化需求持续促进亚太地区工业互联网平台发展。此外，在全球抗击新冠肺炎疫情期间，工业互联网平台的云计算资源和数据资源，在应急响应过程中有效地支撑了各国政府和企业对于应用快速开发部署、供需对接和资源配置的需求，实现物资快速调配运输和复工复产稳步推进。

# 第 2 章　世界信息技术发展

## 2.1　概述

当前,新一轮世界科技革命和产业变革方兴未艾,正对全球经济发展、社会进步和人类文明产生重大而深远的影响。一年来,科技创新加速迭代,学科交叉融合进一步加深,产业化规模持续扩大。面对新冠肺炎疫情挑战,各国通过应用信息技术在改进病理指标筛查、提高抗疫物资生产速度、提供线上视频服务、保持团队协作等方面助力疫情防控和复工复产。这些技术应用创新在解决问题的同时也不断发展。

基础技术迭代演进,保持高速发展。高性能计算初探百亿亿级,低功耗的异构超算平台发展迅速。芯片工艺逐渐逼近物理极限,3D 堆叠技术开始大规模应用。操作系统呈云端、终端融合发展趋势,工业软件保持平台化、一体化发展。

前沿热点技术创新亮点不断。人工智能基础技术框架逐渐趋于稳定,"智能+"逐步向传统行业赋能。区块链行业标准逐步整合,应用领域不断拓展。量子计算宣称实现"量子霸权",量子通信线路建设加速。生物计算与存储逐步从理论构建转为原型应用,脑机接口医学应用的临床意义逐渐显现。新技术新应用与传统行业的加速融合,不断推动智能经济快速发展。

## 2.2 基础技术

### 2.2.1 高性能计算初探百亿亿级

国际科技竞争日益激烈，高性能计算机技术及应用水平已成为展示一国综合国力的一种标志。世界各主要国家向着当前最先进的百亿亿级（E级）计算能力水平不断发起冲击，而近年来异构超算平台、特色超算应用等成果的推出不断拓宽高性能计算的边界。

**1. 高性能计算机性能稳中有升**

当前，世界高性能计算机继续向着百亿亿级（E级）计算发展。在2020年6月国际超级计算机性能评测组织"TOP 500"[1]第55期榜单中，由日本富士通公司（Fujitsu）研制、安装于日本神户的理化学研究所（RIKEN）计算科学中心的"富岳"（Fugaku）超级计算机以415.53 PFlops（千万亿次/秒）的浮点运算性能排名第1。"富岳"是全世界首台使用ARM架构并达到榜首的超级计算系统。在处理机器学习或其他人工智能应用的混合精度计算中，"富岳"的HPL-AI实测性能达到了1.42 EFlops（百亿亿次/秒），成为世界上首台性能达到E级的超级计算机。"TOP 500"榜单入门系统的浮点运算能力已提升至1.228千万亿次/秒，而全榜系统的聚合计算能力则提升至2.26 EFlops。在系统数量方面，中国继续以226台位居"TOP 500"榜首；系统数量排在中国之后的是美国（114台）、

---

[1] 数据来源：全球超算"TOP 500"榜单，2020年6月，见 https://www.top500.org/lists/2020/06/。

日本（30 台）、法国（18 台）、德国（16 台）。前 10 名的榜单中共有 4 台新系统入围，但世界超级计算机前 10 强仍然是以日本、美国、中国和欧盟为主。在总体性能方面，美国仍以 644 PFlops 较中国的 565 PFlops 更胜一筹，在整体榜单上处于领先地位。2020 年 6 月全球超级计算机前 10 强榜单如表 2-1 所示。

表 2-1　2020 年 6 月全球超级计算机前 10 强榜单

| 排名 | 机构 | 国家 | 系统 | 处理器核数/个 | 浮点速度/（PFlop/s） | 峰值/（PFlop/s） | 功耗/kW |
|---|---|---|---|---|---|---|---|
| 1 | 理研计算科学中心 | 日本 | 富岳 | 7 299 072 | 415.53 | 513.855 | 28 335 |
| 2 | 橡树岭国家实验室 | 美国 | Summit | 2 414 592 | 148.60 | 200.794 | 10 096 |
| 3 | 劳伦斯利弗莫尔国家实验室 | 美国 | Sierra | 1 572 480 | 94.64 | 125.712 | 7 438 |
| 4 | 国家超级计算无锡中心 | 中国 | 神威·太湖之光 | 10 649 600 | 93.01 | 125.436 | 15 371 |
| 5 | 国家超级计算广州中心 | 中国 | 天河二号 A | 4 981 760 | 61.44 | 100.679 | 18 482 |
| 6 | 意大利能源公司 Eni SpA | 意大利 | HPC5 | 669 760 | 35.45 | 51.721 | 2 252 |
| 7 | 英伟达公司 | 美国 | Selene | 272 800 | 27.58 | 34.569 | 1 340 |
| 8 | 得克萨斯高级计算中心 | 美国 | Frontera | 448 448 | 23.52 | 38.746 | — |
| 9 | CINECA | 意大利 | Marconi-100 | 347 776 | 21.64 | 29.354 | 1 980 |
| 10 | 瑞士国家超级计算中心 | 瑞士 | Piz Daint | 387 872 | 21.23 | 27.154 | 2 384 |

### 2. 深度学习超算绿色（Green）性能凸显

随着现代超级计算机的计算速度越来越快，其中的能耗已经成为制约超级计算机发展的重要因素之一。主要用来衡量超算功耗性能的"Green 500"榜单是目前最权威的指标排名。"Green 500"排名以消耗 1W

电能可获得的计算性能为基本指标,其性能评估仍然采用基准测试程序 High Performance Linpack(HPL),但需计算消耗 1W 电能所获得的计算性能。近年来"Green 500"排名靠前的超级计算机多为采用 GPU 技术的系统,日本和美国在节能超算系统技术领域较为领先。在 2020 年 6 月公布的最新一期"Green 500"排行榜上,由日本神户大学和 RIKEN 联合研制的深度学习用超级计算机 MN-3 名列第 1 位。MN-3 实现了 21.11GFlops/W(每瓦每秒 211 亿次浮点运算)的处理性能,达到了该榜单此前最高性能(18.404 GFlops/W,2018 年 6 月)的 1.15 倍。"Green 500"的系统已处于"深度学习用超算超低功耗化"的竞赛中,而 MN-Core 及 MN-3 的技术处于全球领先地位。可用于实现高节电性能的主要技术有超低功耗的深度学习专用电路"MN-Core"、高速高效节点间数据传输互连"MN-Core Direct Connect"、面向深度学习的双精度矩阵乘法运算效率优化技术、大量集成 MN-Core 使功率效率最大化的技术。

### 3. 异构超算平台加速融合发展

现代超级计算机的异构体系结构使得有限功耗下的计算性能得到了极大的提升,但也直接带来了编程更复杂的问题,限制了应用科学家对计算系统的高效使用。因此,各种面向异构编程模型也不断地涌现出来。其中比较流行的有以下几种:

(1)统一计算设备架构 CUDA,其由研发 GPU 的英伟达公司(Nvidia)提出,但也仅支持英伟达的 GPU。

(2)开放计算语言 OpenCL 是一种异构系统并行编程的开放标准,可跨平台、针对多种加速器部件开展并行编程。

(3)可移植异构计算接口 HIP 是厂商中立的 C++编程模型,用于实现高度优化的 GPU 工作负载。

（4）OpenAPI 统一、简化异构编程则是由 Intel 公司提出，它力图覆盖包括标量（Scalar）、矢量（Vector）、矩阵（Matrix）和空间（Spatial）在内的广泛计算架构，分别应用于 CPU、GPU、AI 加速器和 FPGA 部件。

在异构超算平台发展的同时，高性能计算和人工智能（AI）也在加速融合发展。通过内存交互的模型来进行编程并使用相同的体系结构配置高性能计算、人工智能和大数据分析，采用一致的软件兼容不同硬件来进行 HPC+AI 的计算。

**4. 特色应用拓展超算发展方向**

2019 年，具有高性能计算风向标作用的"戈登·贝尔"（ACM Gordon Bell）奖被颁发给了苏黎世联邦理工学院（ETH Zurich）的研究团队，因为该团队研发了可映射晶体管热量仿真。通过以数据为中心的应用重组织，该计算模拟实现了至少两个数量级以上的计算效率提升。应用团队的代码在 Summit 超级计算机的 4560 个节点上实现了 85.45PFlops（双精度）的持续性能和 90.89Pflops（混合精度）。该计算模拟使重构的量子输运模拟器可用于处理由 10000 个原子构成的真实纳米电子器件，相较于原来的由 1000 个原子构成的体系，在同样精度和使用相同 CPU/GPU 数量的情况下，计算效率提升 14 倍。

## 2.2.2 芯片技术面临技术革新

芯片技术是现代科技的核心竞争力之一。近年来，随着芯片关键尺寸逐渐逼近物理极限，摩尔定律呈现出放缓趋势，在新兴技术突破、市场格局的变动、产业组织的调适等因素作用下，芯片发展将迎来新的拐点。

## 1. 计算芯片产业集中，性能稳中有升

在 CPU 芯片方面，2019 年全球市场规模为 574.8 亿美元，同比增长 2.8%[1]。英特尔公司的 X86 架构 CPU 在桌面计算机、超级计算机/服务器市场均处于垄断地位。英特尔计划在 2020 年 9 月推出第 11 代 Tiger Lake 处理器，替代 10nm+制程 Ice Lake 处理器。AMD 公司在 2019 年凭借台积电 7nm 工艺制造的 Zen2 架构锐龙处理器，实现产品性能和市场份额的提升。

在 GPU 芯片方面，2019 年全球 GPU 芯片市场规模为 74.34 亿美元，同比下跌 10.3%[2]。GPU 具有设计开发周期较短、并行计算能力强、软件生态齐全等主要优势，是国际主流云端技术路线。GPU 全球市场基本被英伟达、AMD 等公司垄断。英伟达在加速深度学习算法芯片市场占据垄断地位，并将 GPU 强大的算力性能用于包括 AI、智能驾驶以及高性能平台等多个领域。英伟达于 2019 年 12 月在 GPU 技术大会上推出 TensorRT 的最新版本 TensorRT 7；在 2020 年 5 月发布基于全新安培（Ampere）架构、台积电 7nm 制程、采用 3D 堆叠工艺的 Tesla A100 芯片，性能有较大提高，占了 18.3%的市场份额。而移动 GPU 市场主要有高通、ARM 和 Imagination 三大厂商，其中高通的 GPU 已集成在骁龙芯片上。

在 DSP 芯片方面，2019 年全球 DSP 芯片市场规模为 12.8 亿美元，较 2018 年有较大降幅。目前，全球市场被德州仪器（39.6%）、恩智浦

---

[1] 数据来源：高德纳（Gartner）发布的统计报告——Marker Share: Semiconductors by End Market, Worldwide, 2019。

[2] 数据来源：高德纳（Gartner）发布的统计报告——Marker Share: Semiconductors by End Market, Worldwide, 2019。

（25.3%）和 ADI（22.4%）3 家企业所垄断。未来 DSP 芯片有望向内核结构进一步改善、与微处理器/高档 CPU/SoC 融合、芯核集成度提高、可编程化、定点等方向发展。

### 2. 存储芯片市场仍有波动，技术发力 3D 堆叠

当前，存储器工艺尺寸日益接近物理极限，因功耗和散热问题整体发展速度逐渐放缓。DRAM 与 NAND Flash 是存储芯片产业的主要构成部分，占整个存储器产业市场规模的 96%。前五大存储芯片企业三星（38.9%）、SK 海力士（19.7%）、美光（18.5%）、铠侠[1]（7.1%）、西部数据（5.6%）垄断总市场份额的 90%左右。2019 年，DRAM 市场规模为 621.7 亿美元，同比下降 37.8%；NAND 市场规模 426.3 亿美元，同比下降 26.4%。存储市场的低迷成为全球半导体市场下滑的主要因素。

在 DRAM 方面，价格波动幅度明显，整个市场常年经历高达 30%的大幅度震荡。主流厂商目前均处于 1Znm 技术节点，量产进程有所区别。美光、SK 海力士、三星在 2019 年下半年开始规模量产 1Znm 工艺 DRAM。在高端产品方面，三星仍然占据领先优势，它在 2020 年 7 月宣布量产全球首款 12Gb LPDDR5 芯片。

NAND Flash 在进入 3D 堆叠后更新换代快，容量增长迅速，市场供需关系波动明显，导致整个市场份额时常大幅度波动，NAND Flash 企业与 DRAM 企业高度重合。在工艺制程进入 14nm 以后，技术难度成倍增加，3D NAND 技术成为新的发展方向。国际主流企业在 2019 年开始普遍进入 96～128 层规模化量产，如 2020 年 6 月 SK 海力士发布的 128 层

---

[1] 原名东芝存储，2019 年 10 月正式更名为"铠侠"。

4D TLC NAND、2020 年 8 月三星开始量产的第六代 128 层 TLC 3D NAND、2020 年 8 月铠侠推出的基于原第四代 96 层 BiCS Flash 的 XL-Flash 存储级内存。

### 3. 通信芯片受 5G 技术驱动发展迅速

通信芯片主要分为基带芯片和射频芯片，在 5G 技术对集成电路产业发展的驱动下，通信芯片迎来新的发展机遇。根据 Gartner 预测数据，到 2023 年，全球 5G 智能手机渗透率将从 2019 年的 1%增长到 60%，将带动基带/应用处理器、射频前端、电源管理芯片等产品快速增长。各大半导体企业均在 5G 领域展开布局，高通、华为、联发科、三星等均已发布 5G 基带和 SoC 芯片。

基带芯片方面，将基带和应用处理器集成为一个 SoC 芯片的方案是目前主流发展趋势，代表性产品有高通 X50/X55/X60、三星 Exynos M5100/M5123、联发科 Helio M70、华为巴龙 5000、华为麒麟 990 5G、紫光展锐春藤 510 等。高通、华为海思、英特尔、联发科和三星在 2019 年占据该领域全球市场前 5 名，高通凭借其包括 X55 超薄调制解调器和骁龙 765/ G 5G SoC 在内的第二代 5G 产品以 41%的收益份额居首。尽管新冠肺炎疫情加上季节性需求疲软影响了基带出货量，4G 基带芯片出货量有所下滑，但细分市场仍为基带芯片供应商带来机遇，而 5G 基带芯片的高价格继续推动基带芯片市场的收益增长。

在射频芯片方面，滤波器和功率放大器（PA）是射频前端领域最大的两个细分方向，两者合计占射频前端市场的 61%。目前，全球射频前端市场总规模稳定增加，且集中度较高，主要被 Qrovo、Skyworks 和 Broadcom 等国际巨头所垄断。此外，全球射频公司还在不断扩展技术、产品及市场渠道，进行整合演变。射频芯片向化合物半导体广泛应用、以 BAW 滤波器取代 SAW 滤波器、射频芯片集成化等方向发展。

### 4. 芯片工艺创新聚焦新结构新材料

集成电路集成程度不断提升，工艺制程逼近物理极限。在关键尺寸持续缩小的过程中，新的器件结构（如 GAA 有望取代 FinFET）、光刻设备（从 DUV 转至 EUV）和材料（金属 Co 有望成为未来 IC 金属层核心）等推动工艺节点继续向更小尺寸发展。同时，随着先进制造生产线资金投入大幅度攀升，工艺成本的增加使得先进工艺企业数量迅速减少。联电和格罗方德相继宣布放弃 10nm 及以下工艺研发，未来先进制程工艺开发领域主导者仅剩台积电、三星、英特尔 3 家企业。

从代工厂在各关键尺寸的营收比例来看，2019 年，全球代工厂销售收入为 565 亿美元，其中 40nm 以下尺寸的占比仍最高，市场份额从 2018 年的 40%提升到 2019 年的 47%。16/14nm 及以下尺寸代工占比持续提升，代工龙头制造业企业台积电的 16nm 及以下先进工艺制程芯片销售额的占比已经高达 50%，其中 7nm 制程芯片在 2018 年第三季度实现量产后，市场份额占比迅速提升，2019 年第四季度的市场份额占比已达到 35%。

在制造工艺方面，先进工艺制程继续延续摩尔定律。国际龙头制造业企业三星、台积电继续领跑先进工艺制程，开始向 5nm、3nm 甚至 1nm 工艺节点进军。台积电早在 2020 年实现 5nm 工艺量产，预计 2021 年率先风险量产 3nm 制程芯片，通过切入环绕式栅极技术（GAA）在 2nm 工艺研发上取得重大突破。三星在 2019 年 4 月份宣布完成 5nm 工艺开发，预计 2020 年底量产。

在技术方面，随着半导体器件制程线宽缩小至 20nm 以下，采用传统工艺制作的平面 MOS 晶体管遇到光刻技术、high-k 绝缘层技术和功耗等多方面挑战，英特尔提出的鳍式场效应晶体管（FinFET）技术路线和 IBM 提出的全耗尽绝缘层上硅（FD-SOI）的技术路线应用广泛。目前 FinFET 技术已实现 7nm 工艺量产，5nm 工艺已经开始风险生产，预计于 2020 年实现量产；而在高频、低功耗、抗静电等方面有明显优势的 FD-SOI 技术刚刚突破 12nm 工艺。

## 2.2.3 软件技术加速一体化、智能化发展

当前，随着摩尔定律的放缓，软件在推动信息技术发展上的比重逐渐加强。以操作系统为核心的云（服务器集群）、边（智能终端）、端（物联网设备）一体化、智能化融合的趋势明显；编程语言和编译工具链正在酝酿新一轮竞争，由此引发应用市场重新洗牌；工业软件的战略地位更加凸显。开源已成为生态竞争的主要方式。

**1. 操作系统产业格局稳定，持续多元化发展**

操作系统在软件格局中居于基础性地位，主要分为服务器操作系统/云操作系统、终端操作系统、物联网操作系统。随着云、终端和物联网设备的发展与交互，操作系统也呈现出形态多元化、技术一体化的发展趋势。

（1）服务器操作系统/云操作系统经历行业巨头发起的产业整合。目前美国红帽（Red Hat）公司旗下的企业版 RHEL、开源版 CentOS、社区版 Fedora 占据领先地位。2019 年 7 月，IBM 正式宣布以约 340 亿美元的金额完成对红帽公司的收购。美国的 Canonical 公司则继续深耕其 Ubuntu 操作系统。华为公司将其欧拉操作系统开放出来，建立了 openEuler 开源

社区。在云平台领域，以 Docker 为代表的容器技术更为流行，开源容器编排引擎 Kubernetes 的地位更加巩固。从微服务（Microservice）上发展起来的无服务架构（Serverless，事件驱动的云函数，无须服务器管理程序）继续成为热点，亚马逊 AWS 和微软 Azure 等主导的无服务架构展开了激烈竞争。

（2）终端操作系统主要包括移动端和桌面端两个部分，均取得新的进展。在移动端操作系统领域，安卓和 iOS 双雄并立，垄断格局难以撼动，其他操作系统份额不足 1%[1]。谷歌新操作系统 Fuchsia 的部分源码已经公开，采用与 Linux 不同的微内核 Zircon，配合 DART 语言和 Flutter 移动应用开发框架，可跨平台运行在多种智能终端上，有望更好地支撑 VR/MR 等未来应用。在桌面操作系统领域，Windows 的市场占有率为 77.04%，macOS 的市场占有率为 18.38%[2]。微软为了增加 Windows 对开发者的吸引力，主动引入了 WSL（Windows Subsystem for Linux），通过虚拟化技术支持原生 Linux 发行版在 Windows 上运行。谷歌曾经力推的 ChromeOS 的增长速度低于预期。其他 Linux 各大发行版分别针对各自应用领域进行不同的优化，图形用户界面普遍开始采用 Wayland 渲染引擎，但进展缓慢。无论是终端和桌面，操作系统固有生态对新技术的迟滞效应都十分明显，生态垄断很难打破。

（3）物联网操作系统生态正在加速整合。随着物联网、边缘计算的概念普及，以及终端计算能力增强，越来越多计算任务在终端设备执行，物联网操作系统成为决定生态的关键。目前，国外主流的物联网操作系

---

[1] 数据来源：Statcounter. Mobile Operating System Market Share Worldwide - August 2020[ol]. https://gs.statcounter.com/os-market-share/mobile/worldwide

[2] 数据来源：Statcounter. Desktop Operating System Market Share Worldwide - August 2020[ol]. https://gs.statcounter.com/os-market-share/desktop/worldwide

统包括亚马逊主导的 FreeRTOS、ARM 公司主导的 MbedOS 等，国内也有华为的 LiteOS、阿里巴巴 AliOS Things、腾讯的 TencentOS-Tiny。物联网操作系统以轻量化、低功耗为主要目标，结构简单但涉及的硬件种类繁多，往往与云平台厂商绑定，成为其产品和服务的延伸。RISC-V 指令集逐步兴起，以物联网为突破口，由此带来新生态的发展机会。

（4）多平台一体化的操作系统酝酿新的变革机遇。微软针对 Windows 操作系统进行了从服务器、桌面到智能终端的一体化布局，尽管在智能终端领域未能取得成功，但通过 Azure 云计算平台实现了服务器与桌面的操作系统高度复用。苹果推出了独立于 macOS 和 iOS 的新操作系统 iPadOS，并内置 Sidecar 等功能打通不同硬件平台之间的应用。当前，跨场景、跨物理地域、跨设备、跨体系结构的需求给操作系统带来新的技术变革机遇，一体化迭代开发、智能化部署运维成为操作系统厂商的内在需求，将加速操作系统技术体系的内部整合。

### 2. 编程语言与编译器酝酿新一轮竞争

编程语言和编译器、运行时环境、集成开发环境等决定了上层应用的开发模式、开发方法和开发工具，是建立应用软件生态话语权的基础，也是各大企业巨头除操作系统外争夺的另一个焦点。

（1）编程语言种类繁多、各具特色。当前 C/C++语言继续是系统软件的首选，Python 语言成为人工智能领域的主流，Java/JavaScript 继续引领互联网和移动互联网应用。近年来，谷歌力推 GO 语言来开发服务器程序，力推 Kotlin 来替代 Java 作为 Android 操作系统上 App 开发的首选语言，力推 Chrome V8 引擎作为 JavaScript 的主流引擎（在其上构建的 node.js 已成为 Web 平台首选运行时框架），力推 DART 作为新一代操作系统 Fuchsia 的默认应用编程语言。苹果推出的 Swift 编程语言在 2020 年统计的流行编程语言排名中已进入前 10。

（2）编译器新老并存，AI 相关优化成为热点。诞生于 20 世纪 80 年代的 GCC 编译器目前已经非常庞大，继续在 GNU/Linux 体系中保持主流地位。LLVM 编译器的应用开始于 2000 年，在苹果和谷歌的大力支持下，目前已与 GCC 编译器并驾齐驱。近年来，随着神经网络为代表的人工智能计算普及，编译器在统一算法模型和算子表示、发挥人工智能专用芯片算力上发挥着重要作用。2019 年谷歌开源了全新的中介码与编译器框架 MLIR，可以适配 GPU、TPU、移动设备等不同种类硬件。

（3）集成开发环境（IDE）竞争激烈，开源成为主流。早期 IBM 发起的 Eclipse 开源编辑器仍然在持续迭代。谷歌主导的 Android Studio 目前仍然是 Android 操作系统上 App 开发的首选。JetBrain 公司的 IntelliJ IDEA 仍然是目前最为流行的 Java 开发环境。微软在 Visual Studio 的基础上发起并主导了 VS Code 开源项目，目前已经成为 GitHub 上活跃度最高的开源集成开发环境项目，通过提供多种插件，可以支持物联网、移动端到服务器的多种应用开发。开源开放、支持第三方插件已经成为集成开发环境产品的核心竞争模式。

### 3. 工业软件重要性凸显，垄断仍然明显

作为工业细分领域沉淀的生产力工具，工业软件生产效率提升具有重要意义。其中具有代表性的有用于芯片设计的电子设计自动化（EDA）软件、用于数值计算与仿真建模的工具软件、用户计算机辅助设计和制造的 CAD/CAE 软件。

（1）EDA 领域仍然由少数企业占据垄断地位。用于芯片设计的 EDA

软件是芯片产业的关键环节。在全球范围内,铿腾(Cadence)、明导(Mentor)、新思(Synopsys)3 家企业占了 70%以上的全球市场份额。随着芯片制程的提升,EDA 软件的复杂性和技术门槛也在增加,使得后来者更加难以超越。

(2)人工智能和开源给 EDA 领域带来新的变革机遇。人工智能技术开始正在 EDA 设计中被采用。例如,谷歌运用人工智能算法学习芯片的规划布局,在更短时间内可以设计出超越人工设计的产品。开源 EDA 软件也正在迅速发展,除了已有的 gEDA 等,还有加州大学伯克利分校面向 RISC-V 开源指令集推出的 Chisel 工具,配套 FireSim 仿真软件,有望打破商业 EDA 的垄断局面。谷歌也与 SkyWater 公司合作推出了开源的芯片过程设计工具包 PDK。

(3)数值计算与仿真建模软件呈现三足鼎立的局面。MATLAB、Mathematica 和 Maple 在全球并称三大数学建模软件。GNU Octave 是与 MATLAB 对标的一款通用公共许可(GPL)下的开源软件,但不包括 Simulink 组件功能。SCILAB 是由法国科学家开发的、开源的科学工程计算软件,但与 MATLAB 等在功能、性能上还有一定差距。

(4)计算机辅助软件 CAD/CAE 马太效应明显。美国欧特克(AutoDesk)公司的 AutoCAD 是一款最流行的自动计算机辅助设计软件,其旗下的 Fusion 360 实现了全流程的工业设计流水线,持续保持竞争优势。美国的 ANSYS 目前在有限元分析领域处于国际垄断地位,新推出的 ANSYS 2020 R2 再一次增强了团队协作功能。

(5)AR/VR 成为 CAD/CAE 软件中的新增长点。拥有 AR/VR 基础的游戏引擎软件 Unreal、Unity 正逐步向工业领域扩张,例如,2020 年 5 月 Unity 收购加拿大工业应用软件公司 Finger Food。

## 2.3 前沿热点技术

### 2.3.1 人工智能保持高速发展

近年来，人工智能（AI）在数据、算法和算力三大要素的共同驱动下，进入高速发展阶段。据国际调研机构互联网数据中心（IDC）预测，2020 年全球人工智能市场规模将达到 1560 亿美元，同比增长 12.3%，其中占比最大的业务为人工智能软件业务，占比达到了 80%。当前全球范围内，中美"双雄并立"构成人工智能第一梯队，日本、英国、以色列和法国等发达国家构成第二梯队。

**1. 多个国家和国际组织出台人工智能战略**

世界各主要国家已从自发、分散性的自由探索为主模式，逐步发展成国家战略推动和牵引、以产业化及应用为主的创新模式。2019 年 6 月，二十国集团（G20）部长级会议通过《G20 人工智能原则》，推动建立可信赖人工智能的国家政策和国际合作。美国于 2019 年 6 月发布了《国家人工智能研究与发展战略规划》更新版，将原七大战略更新为八大战略优先投资研发事项，重点超前布局算法和芯片。2020 年 2 月，欧盟发布数据和人工智能战略，该战略提出开放、公平、多样化、民主和自信的发展目标，明确面向未来的数字化变革理念与行动，确保数字化变革惠及所有。

**2. 人工智能算法突破不断**

人工智能算法效率持续保持高速提升。根据 OpenAI 组织发布的报告，在 ImageNet 分类中训练神经网络达到相同性能所需的计算量每 16 个月减少了 2 倍。与 2012 年相比，现在将神经网络训练到 AlexNet 所需的计算量减少了 44 倍。对于普遍的人工智能计算任务，算法进步比硬件性能产生的效果更好。

（1）在计算机视觉方面，大规模的无监督、自监督模型成为主流，减少学习数据量和利用未标注数据成为研究热点。牛津大学的研究团队开发了单图像基于对称结构的 3D 可变形物体识别的方法[1]，可以准确地恢复单目图像中人脸、猫脸和车辆的 3D 形状，且无须任何监督或先验形状模型。西蒙弗雷泽大学和谷歌研究院的团队开发了基于 BSPNet 无监督学习方法[2]，使用基于一组平面构建的 BSPtree 获得的一组凸面重构形状。生成的网格是紧凑的（即低多边形），非常适合表示尖锐的几何形状。德国学者和脸书合作团队提出了基于多视图监督的弱监督人体表现捕捉深度学习方法[3]，该方法完全不需要利用 3D Ground Truth 标注，网络架构基于的两个独立网络将人分解为姿态估计和非刚性表面变形步骤，得到当前最优的人体表现捕捉结果。

结合图形学和深度学习的神经渲染技术（Neural Rendering）成为巨大潜力的新兴模型。通过数据驱动的图形学系统可以利用多张图像区域来合成新的图像，并基于大规模的图像数据集来抽取典型的语义特征。

---

[1] Wu S, Rupprecht C, Vedaldi A. Unsupervised Learning of Probably Symmetric Deformable 3D Objects from Images in the Wild[C]//Proceedings of the IEEE/CVF Conference on Computer Vision and Pattern Recognition. 2020: 1-10.

[2] Chen Z, Tagliasacchi A, Zhang H. Bsp-net: Generating compact meshes via binary space partitioning[C]//Proceedings of the IEEE/CVF Conference on Computer Vision and Pattern Recognition. 2020: 45-54.

[3] Habermann M, Xu W, Zollhofer M, et al. Deepcap: Monocular human performance capture using weak supervision[C]//Proceedings of the IEEE/CVF Conference on Computer Vision and Pattern Recognition. 2020: 5052-5063.

Facebook 研发人工智能注视点渲染 DeepFovea，为一体机 VR 大大提升渲染效能。

域适应、对抗网络（GAN）、图神经网络（GNN）等技术的理论解析逐步深入。对于 GAN 存在的模式坍塌和收敛性等理论问题的深入分析，对于 GNN 算法原理解释、变体模型以及对各种图数据的拓展适配等工作纷纷涌现。

（2）在自然语言处理方面，语言模型参数量屡创新高。2019 年 8 月，英伟达发布了包含 83 亿个参数的语言模型 MegatronLM；2020 年 2 月，微软发布了包含 170 亿个参数的 Turing-NLG；在 2020 年 7 月，硅谷 OpenAI 组织发布的最新 GPT-3 模型包含 1750 亿个参数。这些模型在部分计算任务中达到了当前最高效果，但是其庞大的数据和计算量逐步成为小型开发团队进入该领域的门槛。

BERT 和 GPT 等预训练+精调的方法路线成为主流。例如，谷歌的团队设计一种轻量级的 Bert[1]，该模型通过压缩模型数据量，有效地解决了模型通信开销的问题。来自香港大学和华为的研究团队提出了一种完全无监督的基于预训练的语言表征模型 BERT（Bidirectionl Encoder Representation from Transformers）的句法分析方法——扰动掩码（Perturbed Masking）[2]，该方法可量化分析人工智能对于句法结构的训练程度。

可解释的自然语言处理（NLP）逐步受到重视。微软研究院的团队提出了一种任务无关 NLP 模型测试方法 CheckList，其包含一些通用语言能力和测试类型以促进全面测试，还包括一个软件工具，能够快速生

---

[1] Lan Z, Chen M, Goodman S, et al. ALBERT: A Lite BERT for Self-supervised Learning of Language Representations[C]//International Conference on Learning Representations. 2019.

[2] Wu Z, Chen Y, Kao B, et al. Perturbed Masking: Parameter-free Probing for Analyzing and Interpreting BERT[J]. arXiv preprint arXiv:2004.14786, 2020.

成大量不同测试案例。通过这些测试案例发现了许多传统模型中隐藏的大量 Bug。

知识图谱更加流行、检索重新回归。来自美国伊利诺伊大学香槟分校（UIUC）等机构的科研人员开发了首个综合开源的多媒体知识提取系统，该系统可基于不同的内容源和语言提取大量非结构化异构多媒体数据，并遵循丰富细粒度本体，创建出连贯且结构化的知识库、索引实体、关系和事件。该研究提出的操作系统 Gaia 可实现复杂图 Query 的无缝搜索，并检索出文本、图像和视频等多媒体信息。

### 3. 人工智能中高端芯片仍由巨头垄断

人工智能芯片的主流技术路线有通用型 GPU、半定制化 FPGA、全定制化 ASIC，不同类型芯片各具优势，在不同领域呈现多技术路径并行的发展态势。由于芯片基础层创新难度大、技术和资金壁垒高等特点，底层基础技术和高端产品市场仍然为少数国际巨头所垄断。GPU 的设计和生产均已成熟，是人工智能芯片的首选。英伟达 2019 年推出的 TeslaV100 和 TeslaT4 具有极高性能和强大竞争力，其垄断地位也在不断强化。FPGA 市场仍呈双寡头垄断：赛灵思（Xilinx）和英特尔（Intel）的 FPGA 合计占市场份额近 90%。

ASIC 是面向特定用户需求设计的定制芯片，可满足多种终端运用。ASIC 前期需要大量的物理设计、时间、资金及验证，通常在量产后性能、能耗、成本和可靠性才具有一定优势。目前，ASIC 芯片市场竞争格局稳定且分散，谷歌 TPU 是其中的典型代表。另外，2019 年新兴的人工智能定制芯片有英国 Graphcore 推出的 IPU、亚马逊推出的 Inferentia、英特尔推出的 Nervana NNP 等。

### 4. 开源深度学习框架逐渐趋同发展

主流开源深度学习框架 PyTorch 和 TensorFlow 逐渐与竞争者拉开差距，而且两者之间也逐渐趋同。2019 年 10 月，TensorFlow 2.0 正式版上线，主要改进点有 GPU 加速、自动求导、神经网络应用程序接口（API）。2020 年 4 月，PyTorch 1.5 正式发布，主要改进点是更灵活的前后端 API 整合。

（1）PyTorch 在科研学术领域日益占据主导地位。2019 年，PyTorch 已成为占据压倒性比重的多数。据统计[1]，69%的 IEEE 国际计算视觉与模式识别（CVPR）会议论文、75%以上的 NAACL 和 ACL 会议论文，以及 50%以上的 ICLR 会议论文和 ICML 会议论文都选择使用 PyTorch。PyTorch 在计算机视觉和语言类的会议上（分别以 2:1 和 3:1 的比例超过了 TensorFlow）被使用的频繁度很高，而且 PyTorch 在 ICLR 和 ICML 等通用机器学习会议上也比 TensorFlow 更受欢迎。除了在 ICML 会议上，其他学术会议中使用 TensorFlow 论文的增长率甚至还赶不上整体论文数量的增长率。

（2）在工业界 TensorFlow 仍然是主流的框架。2018—2019 年的统计数据显示[2]，涉及 TensorFlow 的新招聘信息有 1541 个，而涉及 PyTorch 的新招聘信息则是 1437 个；知名科技媒体 *Medium* 上有 3230 篇关于 TensorFlow 的新文章，而关于 PyTorch 的新文章只有 1200 篇；在 GitHub 上，用 TensorFlow 编写的项目获得了 13700 颗星，而用 PyTorch 编写的项目只获得了 7200 颗星。可见，在生产环境中 TensorFlow 更具优势。

---

[1] Horace He, The State of Machine Learning Frameworks in 2019[OL], The Gradient, 2019.
[2] 数据来源：Towards Data Science. Deep learning framework power score[OL]. https://towardsdatascience.com/deep-learning-framework-power-scores-2018-23607ddf297a

## 2.3.2 量子信息关键性创新成果不断涌现

2019 年以来，量子信息领域取得了飞速的发展和进步，一批具有代表性的工作成果不断涌现。在 IBM、谷歌等国际科技公司的推动下，量子计算机的比特数规模与操纵精度不断提升，并逐步走向商业化。与量子计算机硬件研发相结合的量子云平台服务，量子软件开发也在微软和亚马逊等公司的领导下走出实验室推向市场。世界各国政府、研究机构在量子信息领域持续加大资金投入与政策支持，目前形成了全球多国参与、理论与实验研究并重、软硬件协同发展的新局面。

### 1. 量子计算实现量子霸权

2019 年 10 月，谷歌人工智能量子团队宣称，在其发布的最新超导量子计算处理器 Sycamore 芯片上实现了量子霸权（也称量子优势）。利用该 53 比特的量子计算机，谷歌在 3 分 20 秒内完成随机量子线路采样实验，实现深度为 20 的双比特门量子电路，包括 430 个双量子比特和 1113 个单量子比特门，总体保真度预计为 0.2%。谷歌声称同样的任务在全球最强大的超级计算机 Summit 上执行，预计要花 1 万年的计算时间，而 IBM 公司则认为在经典计算机上模拟谷歌量子计算机的结果其实只需要 2.5 天。尽管存在一些关于经典模拟复杂度的对比和算法实际应用价值的争议，谷歌人工智能量子团队的研究成果在量子计算机的发展进程中仍是具有里程碑式意义的工作。

2019 年，全球各大科技公司致力于开发和研究一系列可行的量子计算机方案，并逐步尝试将其投入商业应用中。2019 年 9 月 18 日，IBM 公司宣布开设新的 Quantum 数据中心，并推出新型 53-Qubit 量子机器，虽然未测试其量子体积，但是来自美国芝加哥大学的研究人员在 2020 年 4 月利用该量子计算机制备了纠缠态。2020 年 1 月，IBM 公司发布最新的 28-Qubit 量子计算机 Raleigh 的量子体积[1]达到 32，相比在 2019 年初发布的全球首款商用量子计算原型机 IBM Q System One，实现量子体积翻倍提升。2019 年 12 月，英特尔推出代号为"Horse Ridge"的低温控制芯片，可实现对多个量子比特的控制，为大规模系统构建提供解决方案。2020 年 6 月，霍尼韦尔公司推出了量子体积达到 64 的量子计算机，拥有质量最高、错误率最低的可用量子比特。

### 2. 量子云服务与硬件结合飞速发展

量子计算机的高度专业性以及高研发成本，并不利于量子计算机的普及化应用与市场化推广。在此背景下，各大国际公司纷纷入局量子编程语言开发，布局量子云服务，以此降低量子计算机的使用门槛，使量子计算机走出实验室。2019 年 11 月，微软发布 Azure Quantum 量子服务，包括量子解决方案、量子软件和量子硬件，是一个完整的开放式云生态系统。利用这项服务，可以通过云计算平台访问量子硬件提供商霍尼韦尔（Honeywell）的 IonQ（来自美国马里兰大学）及 QCI（来自耶鲁大学）的量子计算机原型机。2019 年 12 月，亚马逊宣布推出量子计算服务 Braket，并与 3 家量子计算公司 D-Wave、IonQ 和 Rigetti 合作，可让企业和开发人员通过云端服务访问相应的系统，这其中包括 Rigetti 公司推出的 32-Qubit 的量子计算机器。2020 年，D-Wave 推出混合量子计算云平台 Leap 2，并免费提供给致力于新冠病毒研究的学者使用。

---

[1] 量子体积（Quantum Volume）是由 IBM 公司提出的指标，用于测量量子计算机的强大程度，具体含义为在给定的空间和时间内完成的量子计算的有用量。

与量子云服务相配套的面向开发者的量子编程语言也取得一些新的成果，为量子计算机的使用者提供标准化/直观化的操作语言。2020年3月，谷歌发布了量子版的TensorFlow，使开发人员可以同时使用经典计算技术和量子计算机线路，来模拟创建混合人工智能算法。2020年4月，欧洲推出第一个公共量子计算平台Quantum Inspire，可访问世界首台使用可伸缩自旋量子比特的量子处理器。

目前，量子计算的软硬件处在协同发展的阶段，除了以上关于量子编程语言、云服务的进展，底层硬件研究也有许多新的成果不断涌现。2019年12月，英特尔推出代号为"Horse Ridge"的低温控制芯片，可实现对多个量子比特的控制。为解决量子比特的可拓展性问题，大规模系统构建提供解决方案。同一时期，俄罗斯和瑞典等国的科学家合作研发了一种可在室温下稳定工作的量子比特的制造方法，为创建量子计算机开辟了新的前景。2020年4月，悉尼新南威尔士大学的研究人员将量子计算平台的运行温度降到1.5K（开尔文），极大地降低了成本。

### 3. 量子通信应用逐步落地

除了量子计算的飞速发展，量子信息领域的另一重要组成部分——量子通信技术以其绝对安全、大容量、高效等特点日益引起国际范围的极大关注。在实验与理论研究层面，国际上近期取得了一系列重要的研究成果。2019年10月美国哈佛大学的科学家利用金刚石中的量子比特演示了相干时间超过1 ms的单光子存储，可以在量子网络中作为具有高保真存储能力的寄存器，能够有效地与在光纤中传播的光子进行接口，为实现量子中继奠定了基础。2020年3月，来自英国牛津大学的研究人员报告了在离子阱系统中对两个远端量子比特的高速度高精度纠缠产生，为未来各种量子网络的应用提供新方法。

在政策方面,各国相继提出在量子通信领域的发展计划和战略布局。2020年2月,美国白宫国家量子协调办公室发布了《美国量子网络战略愿景》,提出美国将开辟量子互联网,确保量子信息科学惠及大众,并计划在未来5年内演示量子网络的基础科学和关键技术,从量子互连、量子中继器、量子存储器到高通量量子信道和探索跨洲距离的天基纠缠分发。除美国外,日本和欧洲等国家和区域也致力于推进量子通信产业化发展,多角度布局量子通信行业。2020年1月,日本东芝公司和日本东北大学宣布,其研究人员成功利用量子保密通信技术,在短时间内传输完整的人类基因组数据。俄罗斯计划利用铁路的基础设施打造量子互联网平台,相关试验区将在2021年启动。此外,英国和新加坡正在联合建立基于立方卫星的量子加密卫星链路,并计划在2021年底投入运行。

### 2.3.3 生物计算与存储迎来关键突破

当前,生物计算与存储的主流技术分别是利用大量DNA分子自然的并行操作及生化处理的DNA计算,以及利用DNA分子4种碱基A/T/C/G排列编码性能的DNA存储。

#### 1. DNA计算技术迭代演进

DNA计算包括DNA神经网络模型、DNA链置换网络、生物型探针机等。构建计算模型的基础结构单元被称为DNA瓦片(DNA Tile),其可按一定程式自组装形成更复杂的结构实现特定功能。该基本结构起源于可判定性问题研究并被证明可用于模拟图灵机,当前有十字交叉结、多臂结、单链瓦片、DNA折纸瓦片等类型。

十字交叉结是其中最早开发目前最为成熟的技术,当前已拓展了多种纳米级规整网格和对称的立体结构，逐步实现自底向上的编程能力。2019 年 2 月，美国加州理工学院的研究团队实现使用一组 7 种 DNA 单瓦片实现二进制 6 位可整除的计算，并将分子连接错误率控制在 0.3‰以下，证明了 DNA 瓦片计算在理论和实际中的可行性。

折纸瓦片结构也称 DNA 折纸术，是目前最新的 DNA 瓦片结构。其可获得由 DNA 组装而成的任意几何图案并精确寻址。近年来，形貌控制组装方面取得了较大的进步，其在提升图案复杂度一个数量级的同时降低了编码复杂度一个数量级，为便捷的编码和简单的实验提供了基础。2019 年，加州大学伯克利分校的研究团队开发了以 DNA 折纸作为模板形成具有等离子特性的完全金属化的纳米结构[1]，可广泛应用于成像、标记和传感等领域。

### 2. DNA 存储有望突破传统存储性能瓶颈

DNA 分子的信息编码存储与计算操作的基础是利用 DNA 分子特性以及编码理论，构建出可操控的新型纳米尺度聚集体或超分子结构。其存储密度远高于当前的磁盘介质，每一个 DNA 上可以有 125 艾字节（1 艾字节=2 的 60 次方）的信息。2016 年，华盛顿大学和微软合作开发出了一种全自动系统，用于编写、存储和读取 DNA 编码的数据，将共计 739KB 的数据编码成了 DNA 序列并存储起来，然后通过精心设计特定的引物，标记每一个文件在 DNA 序列上的地址进行数据的随机快速读取。2017 年，哈佛大学的研究团队采用了 CRISPR DNA 编辑技术，将人类手掌的图像记录到大肠杆菌的基因组中，这些图像的读取精度超过

---

[1] Xie N, Liu S, Fang H, et al. Three-dimensional molecular transfer from DNA nanocages to inner gold nanoparticle surfaces[J]. ACS nano, 2019, 13（4）：4174-4182.

90%。2019 年 1 月，哥伦比亚大学的研究团队设计了一种结合 3D 打印的"物的 DNA"（DoT）存储体系结构，即将存储物体所有信息的 DNA 与物体本身材料融合，实现物体在受损后仍能通过任何一小块中信息重新构建。

除了存储密度高，DNA 存储在数据的保密性、完整性和不可否定性等方面具有天然优势。2019 年 11 月，中国上海交通大学的研究团队开发了一套以 DNA 折纸技术为基础的 DNA 加密系统（DNA origami cryptography，DOC）。加密方将信息转化为点阵排列后以将其加密为杂交若干生物素化短链的骨架链；解密方则通过共享 DNA 骨架链密钥获得对应的结构信息再将 DNA 短链折叠为正确的形状。该方法实现了加密术与隐写术的整合，采用一条长 7000 碱基左右的骨架链可实现约 700 位的理论密钥长度，远超传统加密算法的强度。

### 3. 生物计算前沿应用完成原型验证

基于 DNA 计算原理设计的可编程自组装智能纳米系统的生物相容性好，可以在细胞内工作，具有快速、敏感和特异性高的优点，其纳米结构的控制精度达原子级。2019 年，美国加州理工学院的研究团队开发出了自组装规模达 100 万个单链 DNA 瓦片（Single Strand Tile, SST）的可编程 DNA 计算机，通过包含 355 个单链 DNA 分子的计算单元集合结合，在 DNA 折纸基底上设计出了 21 种可编程计算电路模块，可实现整数除法计算。

## 2.3.4 脑机接口逐步从概念走向原型设计

脑机接口（brain-computer interface，BCI）是在脑与外部环境之间建立直接交互的一种技术，主要分为侵入式和非侵入式。在脑机接口系统的开发中，硬件设备、解码算法及实验范式均扮演着重要的作用。

**1. 硬件技术取得新突破**

近年来，脑机接口硬件发展迅速。碳纳米管等新型纳米材料被应用于电极设计，催生了具有消炎涂层的电极、可用于皮层脑电记录的柔性石墨烯溶液门控场效应晶体管等器件。脑机接口硬件技术进步极大地提高了信号质量，延长了使用寿命并有效扩展了使用人群，在脑机接口领域不断产生变革和创新。

（1）脑机接口硬件集成程度逐步提升。2019年7月，美国Neuralink公司发布了一款可扩展的高带宽脑机接口系统。该系统包含小而灵活的电极线程阵列，每个阵列多达96根线程，每根线程带有32个电极，共分布了多达3072个电极，可以同时监测1000多个神经元的活动，具有高包装密度和高可扩展性。日本熊本大学和山口大学的研究团队将近红外光谱、皮层脑电和负温度系数热敏电阻传感器的多通道测量功能集成到单个设备中。

（2）非侵入式设备便捷性大幅提升。2019年11月，英国诺丁汉大学的团队开发了一种基于自行车头盔改造的可穿戴脑磁系统，该系统可适应不同年龄段的受试者，数据保真度高且无须限制受试者的活动。2020年，佐治亚理工学院的研究团队开发了基于柔性膜电路的便携头皮电子系统，利用卷积神经网络进行时域分析，可对稳态视觉诱发电位进行准确、实时地分类。清华大学的研究团队开发了基于多种新材料的兼顾机械稳定性和柔性的脑电电极，可在有毛发皮肤上获得与在无毛发皮肤上相当的精度。

## 2. 多种技术体系成果不断

常规脑机接口有两种技术路线：内源诱导范式和外部刺激范式。内源诱导范式依赖于大脑节律的自主调节，尤其是与运动任务相关的调节。非侵入式方法以感觉运动节律作为脑机接口的特征；侵入式方法通常从神经元锋电位（Spike）或局部场电位解码运动信息。外部刺激范式依赖于外部刺激来诱发大脑反应，一般由视觉、听觉、体感刺激产生的事件相关电位开发。

近年来，新型的脑机接口技术创新也不断涌现，例如互适应脑机接口、情绪脑机接口、认知脑机接口、多人脑-脑接口等。众多新技术的涌现扩大了脑机接口的应用范围，同时也进一步推动了技术本身的发展。此外，结合各自优势的混合脑机接口发展势头良好。2019 年，匹兹堡大学的研究团队提出了综合利用脑电、肌电、眼电等信息，以及近红外光谱、功能性经颅多普勒超声等其他神经活动检测方法的混合脑机接口。

在脑机接口算法方面，神经解码算法因其高效的解码精度而获得重视。脑信号特征主要有频带能量和时域特征，包括蚁群算法、模拟退火算法的元启发式（Metaheuristic）方法。此外，还有采用监督学习和数据驱动的方式获得空间滤波器，包括共空间模式（CSP）、xDAWN、Fisher 空间滤波器以及任务相关成分分析等。目前主流分类算法有 4 类：自适应分类器、矩阵和张量分类器、迁移学习以及深度学习。在迁移学习类中，跨个体迁移方法、跨设备迁移方法以及流形嵌入知识迁移（Manifold Embedded Knowledge Transfer，MEKT）方法相继被提出。在深度学习类中，卷积神经网络和有限玻尔兹曼机应用较多，但在大规模训练数据集支撑方面仍有待改进。

### 3. 脑机接口探索多样化应用

脑机接口应用关注于解码大脑信号并输出用户意图,主要分为医学领域应用和非医学领域应用。医学领域应用已运用于神经系统受损患者(包括脑卒中、肌萎缩侧索硬化症和脊髓损伤)康复训练中,对语言等感知信号识别准确率持续提升;非医学领域应用通过结合虚拟现实、智能家居等技术逐步探索市场化发展。

(1) 在医学领域的应用。2019 年 4 月,加州大学旧金山分校的研究团队利用基于颅内微电极采集到的大脑控制唇、舌、喉运动的神经信号来合成语音[1],达到了人类可有效识别的水平。该团队又发布了基于高密度皮层脑电(ECoG)信号的模拟自然问答对话系统,生成语音和感知语音的解码准确率分别达到了 61%和 76%。该团队还利用朗读文本时收集的 ECoG 信号,成功训练了一个可以将 ECoG 信号"翻译"为连续文字的深度循环神经网络模型,经测试解读错误率最低可以达到 3%。这些成果为瘫痪患者的言语恢复带来了希望。

2019 年 7 月,卡内基梅隆大学与明尼苏达大学的研究团队研制出了一款非侵入式的意念控制机械臂,能够连续追踪随机目标。2019 年 12 月,法国格勒诺布尔-阿尔卑斯大学的研究团队开发了利用硬膜外 ECoG 信号控制外骨骼系统行动的脑机接口系统[2],帮助四肢瘫痪患者再次行走。2020 年 3 月,美国巴特尔研究所发布了可实现同时恢复运动与触觉功能的脑机接口系统[3]。该系统从初级运动皮层活动反映的运动意图中提取出

---

[1] Pandarinath C, Ali Y H. Brain implants that let you speak your mind[J]. Nature, 2019, 568(7753): 466-468.

[2] Benabid A L, Costecalde T, Eliseyev A, et al. An exoskeleton controlled by an epidural wireless brain–machine interface in a tetraplegic patient: a proof-of-concept demonstration[J]. The Lancet Neurology, 2019, 18(12): 1112-1122.

[3] Ganzer P D, Colachis 4th S C, Schwemmer M A, et al. Restoring the Sense of Touch Using a Sensorimotor

触觉信号并形成反馈，帮助脊髓损伤患者恢复触摸感知。

（2）在非医学领域的应用。2018 年 1 月，美国脑机接口初创公司 Neurable 开发了一款名为 *Awakening* 的脑控游戏。该款游戏利用带有脑电电极的头带与虚拟现实头戴式设备，让佩戴者训练自身大脑以响应脑信号进行互动。2018 年 11 月，加州伯克利大学的研究团队开发了结合虚拟现实头戴式设备的便携式稳态视觉诱发电位脑机接口[1]。2019 年 4 月，中国科学院的研究团队利用脑电生物信息具有难以模仿的特点，开发了一款基于编码调制的视觉诱发电位，可用于实现个体身份识别[2]。

## 2.4 新技术新应用

随着人工智能、大数据、5G 等新技术的发展，大量科技企业从特定场景出发，提供差异化新产品和新解决方案，形成丰富新应用生态，成为智能经济快速发展的重要推手。从产品到服务，新技术与传统行业加速融合，已经在医疗、交通、家居、制造等各领域落地生根。

### 2.4.1 智慧医疗迎来高速发展

智慧医疗指通过建立综合医疗信息平台，结合最先进物联网技术，实现患者与医务人员、医疗机构、医疗设备之间的互动，逐步达到信息

---

Demultiplexing Neural Interface[J]. Cell, 2020.

[1] Abbasi-Asl R, Keshavarzi M, Chan D Y. Brain-Computer Interface in Virtual Reality[C]//2019 9th International IEEE/EMBS Conference on Neural Engineering （NER）. IEEE, 2019: 1220-1224.

[2] Zhao H, Wang Y, Liu Z, et al. Individual Identification Based on Code-Modulated Visual-Evoked Potentials[J]. IEEE Transactions on Information Forensics and Security, 2019, 14（12）：3206-3216.

化。2016—2018 年，全球智慧医疗服务支出年复合增长率约为 60%，当时预估 2019 年该产业规模达到 4000 亿美元[1]。

### 1. 智慧医疗模式改变传统医疗

（1）健康管理方式。随着手机等现代电子设备的普及，健康管理的效率得到提升，成本显著降低，催生了新型的健康管理系统。

（2）挂号、问诊和购药方式。患者由前往医院就诊并在取得医生许可后凭单购药，转为重症患者在线预约、轻症患者看病线上化，如在线问诊、在线购药等。

（3）医患生态。诊疗过程线上化可以显著减少医患直接接触，在不影响信息交换的前提下，减少医患矛盾的产生。

（4）智能医疗设施应用。基于人工智能技术开发的临床决策支持系统（CDSS）、人工智能眼底筛查系统等智能化软件与设备，能够辅助基层医生更好地完成诊断工作。此外，在面临重大公共卫生事件时，智能医疗设施的部署使用，能有效地提升突发性、流行性疾病的防治效果。以 2020 年抗击新冠肺炎疫情为例，各国智能化线上诊断系统能够同时对接病房和医护中心，医疗专家不必进入隔离区即可为患者诊治，避免了病毒对医护人员的感染。

### 2. 智慧医疗的应用场景

（1）影像辅助诊断。2019 年 7 月，美国人工智能辅助系统 QuantX 获得美国食品药品监督管理局批准。QuantX 以人工智能软件增援放射科

---

[1] 百度，中国发展研究基金会，《新基建，新机遇：中国智能经济发展白皮书》，2020 年 6 月。

医生，对核磁共振成像（MRI）进行分析，以确认或质疑医生的诊断，该系统经临床研究证明，能使癌症漏诊减少 39%和整体准确率提高 20%。2020 年 6 月，中国"天医智"的颅内肿瘤磁共振影像辅助诊断软件通过了国家药品监督管理局（NMPA）三类医疗器械审批。

（2）疾病风险预测。通过基因测序与检测，提前预测疾病发生的风险或通过运用各种生化、影像、日常行为大数据来预测疾病发生情况。2020 年 5 月，人工智能公司 DeepMind 和 Google Health 开发了新的人工智能医学系统，用于检测年龄相关性黄斑变性（AMD）。该系统利用两个神经网络，分析 2795 个病例的 3D 眼睛扫描结果和标记信息训练学习，预估早期患者未来 6 个月内的病情发展结果与人类专家的判断结果相当，而效率远高于人工。

### 2.4.2 智能交通应用逐步推广

智能交通是将先进的人工智能、信息通信、传感与控制等技术有效地应用在地面交通管理系统中，实现大范围、全方位、实时、准确、高效的交通管理。相关公开数据显示，智能交通能够提高道路使用效率，减少交通堵塞约 60%，提高现有道路通行能力 2～3 倍。车辆在智能交通管控体系内行驶，停车次数可减少 30%，行车时间减少 15%～45%，车辆使用效率提高 50%以上[1]。预计到 2025 年，全球智能交通市场规模将达到 2621 亿美元，复合年均增长率为 18.68%[2]。随着市场逐步走向成熟，行业正在由基础铺垫转入高质量发展阶段。

---

[1] 资料来源：中国发展研究基金会发布的《新基建，新机遇：中国智能经济发展白皮书》，2020 年 6 月。
[2] Smart Thermostat Market - Growth, Trends, and Forecast （2020—2025），Mordor Intelligence。

### 1. 智能交通发展的四大趋势

（1）自动驾驶。

（2）基于大数据的 MaaS 一站式出行服务。

（3）道路系统的交通云脑、智慧路网管控。

（4）交通安全的主动防控、轨道交通智能运维与健康管理、城市停车的精细化治理、自主式交通系统等。

其中，自动驾驶汽车作为智能交通管控体系的重要组成部分，是实现车路协同、提升人们出行体验的重要载体。传统汽车厂商以及新兴互联网企业分别凭借各自汽车安全技术积累和智能化技术的优势，推动自动驾驶逐步实现 L3 级。截至目前，全球范围内至少有 25 个国家和地区的城市正在测试自动驾驶汽车。

### 2. 人工智能在交通领域的应用场景日益广泛

（1）在自动驾驶方面的应用。主要应用于车辆的自动驾驶模式，从车辆感知到决策，以及定制化的预测与维护功能，可增加机动性、降低交通事故的发生率、减少城市停车位的需求量。

（2）在城市交通方面的应用。借助人工智能的软件与硬件系统、传感器、影像系统、交通的远程通信与监控系统，获得实时交通状态，并依据实时交通状态而改变交通号志，减少交通堵塞现象与碳排放量，借以提高行人安全、改善生活质量。

（3）在停车方面的应用。借助人工智能与云端数据分析以驱动应用程序，进行路线图的选择、停车位的匹配，以提供车辆辨识空闲的停车位置。

（4）在高速方面的应用。在车联网以及无人驾驶、应急预案匹配、无感支付、逃费稽查、智能交互式客服、行为监督、智能路径规划和交通诱导等方面逐步得到应用和发展。

### 2.4.3 智慧家居多样化发展、企业竞争激烈

智能家居利用人工智能、物联网技术集成家居生活有关设施，构建高效的住宅设施与家庭日程事务的管理系统，提升家居安全性、便利性、舒适性、艺术性，并实现环保节能的居住环境。智能家居将人们从传统使用家电模式脱离出来，更加强调智能化和自动化。

#### 1. 全球智能家居市场正在快速增长

市场研究公司 Strategy Analytics 发布的数据显示，2019 年，消费者在智能家居相关硬件、服务和安装费用上的支出达到 1030 亿美元，并以 11%的复合年均增长率增长到 2023 年的 1570 亿美元。智能音箱、智能电视等多媒体娱乐设施，以及照明控制设备和家庭监控/安全系统将占据智能家居市场的最大份额。亚马逊、苹果、谷歌、三星、ADT、霍尼韦尔、博世、亚萨合莱、ABB、英格索兰、通用电气是全球智能家居行业的主导者，总计占据全球智能家居 40%～45%的市场份额[1]。

#### 2. 智能家居的应用场景

智能家居一方面以语音接口作为应用接入，另一方面通过整合家电构建综合的生态体系。智能音箱是语音接口的实际应用产品，是家庭消费者用语音进行上网的一个工具。例如，用于点播歌曲、上网购物，或是了解天气预报；它也可以对智能家居设备进行控制，例如，打开窗帘、

---

[1] Fortune BusinessInsights, Smart Home Market Size, Share & Industry Analysis 2019-2026[ol]. https://www.fortunebusinessinsights.com/industry-reports/smart-home-market-101900。

设置冰箱温度、提前让热水器升温等。2019年，以谷歌助手、苹果Siri以及亚马逊Alexa为代表的语音助手成为时下的科技热点，越来越多的外部软件和硬件产品正在植入语音助手，让消费者使用自己的声音轻松操控家居设备。另外，Google Home和亚马逊Alexa允许第三方进入其语音服务的生态体系。

### 2.4.4 智能制造加速产业升级

智能制造将新一代信息通信、人工智能技术与先进制造技术深度融合，帮助制造业从机械化、电气化、自动化向数字化、互联化及智能化方向升级。其中，数字化指将工业信息转换为数字格式，通过计算机管理；互联化对应万物互联，在生产者-机器、机器-机器、消费者-生产者间构建连接；智能化是通过大数据分析和人工智能技术实现数据的自由流动和各种场景的智能决策。

智能制造已成为制造业重要发展趋势。相关统计数据[1]显示，2020年，全球智能制造市场规模将达到2147亿美元，2025年这一数据将达到3848亿美元，期间复合年均增长率为12.4%。随着3D打印、模拟分析、工业物联网等技术在制造业的渗透，汽车、航空航天、国防工业在智能制造领域已实现领先增长，能源和装备制造等行业将保持较高增速。全球各国智能制造水平可分为四大梯队：第一梯队是掌握先进技术、专利以及品牌的引领型国家，以美国、日本、德国为代表；第二梯队是中国、韩国、英国、瑞典等为代表的先进型国家，它们拥有部分核心技术和大规模集成能力，可生产关键元件；第三梯队是核心技术较少、以零部件加工为主的潜力型国家；第四梯队是提供原材料、发展劳动密集型制造业的滞后型国家。

---

[1] 数据来源：国务院发展研究中心发布的《新基建，新机遇：中国智能经济发展》白皮书，2020年6月。

# 第 3 章　世界数字经济发展

## 3.1　概述

受全球贸易紧张局势等因素影响，2019 年世界经济增长 2.9%，是 10 年来最低水平。2020 年初以来，新冠肺炎疫情在全球扩散蔓延，冲击全球生产、贸易、跨境投资和金融市场，进一步加剧世界经济衰退风险，国际货币基金组织（IMF）预测 2020 年世界经济增长–4.9%。数字经济成为对冲疫情冲击、重塑经济体系和提升治理能力的重要力量，世界各主要国家不断强化数字经济战略布局，战略设计和政策体系逐步完善。美中两国数字经济规模分列全球前两位，欧洲数字经济发展缓慢，新兴国家数字经济发展潜力巨大。

全球数字产业化稳步发展，基础电信市场增速放缓，电子信息制造业潜力较大，大数据、人工智能、区块链等信息技术服务业保持蓬勃发展态势，互联网信息内容服务业高速发展。产业数字化深入推进，制造业数字化进一步深化，跨界融合、平台化、共享化特征愈发明显，服务业数字化转型升级加速，农业数字化稳步发展。金融科技蓬勃发展，虚拟货币、数字银行、数字金融监管成为关注重点。电子商务持续扩张，新兴市场增长迅猛，移动电子商务再创新高。

从短期来看，一些经济上对外依赖度较高的国家开始反思各自的产业政策，以减少对外部世界的过度依赖。从长远来看，疫情中加速成长的新业态、新模式、新产业将会塑造经济全球化的新增长点。以数字化、网络化、智能化为特征的新技术正处于创新发展和扩散应用的加速期,发达国家和新兴经济体都将围绕全球数字化转型推动本国产业建设与区域发展,全球供应链、产业链、服务链和价值链将在重构中建立更加紧密的联系,在更高层次上以新的形式推动经济全球化向前发展。

## 3.2 世界数字经济发展态势

新一轮科技革命和产业变革加速重构全球经济格局,信息技术创新应用不断涌现,数据作为新型生产要素驱动全球数字经济迈上新台阶,数字贸易蓬勃发展,疫情为全球经济数字化转型按下快进键。

### 3.2.1 发展战略更加聚焦

世界主要国家将发展数字经济作为推动实体经济提质增效、重塑核心竞争力的重要举措,纷纷制定数字经济发展战略,加快推动经济社会数字化转型。

**1. 5G、区块链、人工智能等技术是战略重点**

在 5G 方面,2020 年 1 月,美国众议院投票通过了《促进美国在 5G 领域的国际领导地位法案》及《促进美国在无线领域的领导地位法案》,明确了美国及其盟国、合作伙伴应在第五代及下一代移动电信系统和基础设施的国际标准制定机构中保持参与和领导地位。同年 4 月,俄罗斯数字发展、通信和大众传媒部起草了关于 5G 网络发展的新战略文件,由 4 家电信运营商各自分配区域以实现 5G 网络的独家部署。同年 6 月，韩国公布了一项规模达 630 亿美元的经济刺激计划，致力于通过增加投资和系统性改革两大举措推动韩国经济增长，重点是促进各行业使用 5G 和人工智能，并在韩国最不发达地区推进数字化。

在区块链方面，2019 年 9 月，德国联邦政府发布了《德国国家区块链战略》，旨在为德国构建系统性的区块链创新发展框架，引导区块链技术理性发展，推动德国通证经济繁荣，挖掘其促进经济社会数字化转型的潜力。2020 年 2 月，澳大利亚政府发布了《国家区块链路线图》，包括区块链"监管、技能和能力建设、创新、投资以及国际竞争力和合作"的发展，旨在推动澳大利亚成为区块链产业的全球领导者。

在人工智能方面，2019 年 11 月，美国国会研究服务处（CRS）更新了《人工智能与国家安全》研究报告，本次更新版的主要内容围绕 8 个方面展开，涉及人工智能术语和背景、国会面临的问题、人工智能国防应用、军事人工智能整体挑战、国际竞争者、国际组织、人工智能的机遇和挑战以及人工智能对作战的影响等。2019 年 11 月，新加坡推出全国人工智能策略，在交通物流、智能市镇与邻里、医疗保健、教育以及保安与安全的五大领域里，大力推动人工智能科技的采用。新加坡政府已在"研究、创新与企业 2020 计划"下，投入 5 亿新元加深人工智能研究、创新和企业活动等。2020 年 3 月，欧盟委员会发布了《人工智能白皮书》和《欧洲数据战略》，分别提出建立"可信赖的人工智能框架"和真正的统一数据市场，计划到 2030 年使欧盟在数据经济中的份额至少与其经济权重相匹配，其愿景是使欧盟成为全球最具吸引力、最安全和最具活力的数据敏捷型经济体。

**2. 推动经济社会全面数字化转型是战略方向**

2020 年 3 月，欧盟委员会公布了《塑造欧洲的数字未来》《欧洲新工业战略》《面向可持续和数字化欧洲的中小企业战略》《为欧洲的企业和消费者提供服务的单一市场》《识别和解决单一市场障碍》等一系列报告,提出了一套全面的未来行动计划,包括制订知识产权行动计划、维护技术所有权、加强欧洲的工业和战略自主权等,旨在帮助欧洲工业向数字化转型,提高其竞争力和战略自主性。同年5月,欧盟委员会主席向欧洲议会提交了"欧盟下一代"复兴计划,提议设立总额为7500亿欧元的专项复苏基金,着力打造绿色新政、数字转化和应对危机的韧性。同年6月,越南公布了《到2025年国家数字化转型计划及2030年发展方向》,提出到2025年,数字经济占越南GDP的20%,在各行业和领域中至少占10%;信息化发展指数和全球网络安全指数排名世界前50位,全球创新指数排名前35位;到2030年,越南普及光纤宽带和5G移动网络服务,拥有电子支付账户的人口比例将超过80%。

## 3.2.2 发展格局基本稳定

数字经济的暴发式增长,正在加速重构全球经济格局,中美两国引领世界数字经济发展,新兴国家开始崛起。

### 1. 中美两国引领世界数字经济发展

根据中国信息通信研究院发布的《全球数字经济新图景(2019年)——加速腾飞重塑增长》报告,2018年美国数字经济规模蝉联世界第一,达到12.34万亿美元,中国数字经济规模约4.73万亿美元,保持世界第二大数字经济体地位。虽然中美数字经济在规模上存在一定差距,但是两者的数字经济竞争力差距逐渐缩小。根据上海社科院主编的《全球数字经济竞争力发展报告(2019)》,在国家竞争力层面,美国(75.94)、新加坡（60.96）、中国（57.37）占据世界数字经济国家竞争力榜单前 2 名，英国（51.61）、芬兰（50.11）、韩国（49.86）、日本（49.51）紧随其后。中美数字经济竞争力差距逐渐缩小，从 2016 年的 23.82 分，缩小到 2018 年的 18.57 分。中国在数字产业竞争力方面反超美国成为世界第一，但在数字经济治理等领域仍然存在竞争力短板。

### 2. 欧洲数字经济发展步伐缓慢

欧盟委员会发布的《2020 年数字经济与社会指数》报告显示，从整体数字化水平看，芬兰、瑞典、丹麦、荷兰的数字化水平最高，保加利亚和希腊位居末位；在过去 5 年里，爱尔兰提高最快，其次为荷兰、马耳他、西班牙。近 10 年来，信息技术的发展赋予数字经济强大的发展潜力，然而，欧盟在数字经济领域的表现并不算抢眼。世界银行的数据显示，2019 年，欧盟经济总量约占世界经济总量的 15.77%。然而，欧洲数字企业占全球数字企业总市值不到 4%。CB Insights 的数据显示，截至 2020 年 6 月，美国独角兽企业总数为 228 家，稳居世界第 1 位，中国独角兽企业总数为 122 家，位居世界第 2；英国以 25 家独角兽公司超过德国，位居世界第 3 位，印度有 21 家，德国、韩国分别有 13 家和 10 家。

### 3. 新兴国家数字经济潜力巨大

2019 年，在世界银行支持下，非洲联盟提出数字"月球计划"，旨在将高速连接带给非洲大陆所有公民，并为充满活力的数字经济奠定坚实基础，到 2030 年将有 16.5 亿～17.1 亿非洲人实现数字连接。移动支付成为新兴市场竞争焦点。以印度为例，根据 World line India 发布的报告，印度移动支付市场再创新高，其中班加罗尔成为数字交易的领头城市，金奈、孟买和浦那紧随其后。脸书、亚马逊、沃尔玛、Alphabet、微软、伯克希尔·哈撒韦和阿里巴巴均已进入印度市场,正在展开激烈竞争。

## 3.2.3 互联网企业迅猛发展

在《福布斯》发布的 2019 年全球数字经济百强企业榜单中,美国有 38 家企业上榜,是企业上榜数量最多的国家,中国以 14 家居第 2 位。在排名前 10 的企业榜单中,美国占据 8 个席位,苹果居第 1 位。企业财报数据显示,2019 年亚马逊、苹果和三星的营业收入在全球 IT 企业中排名前三位,中国的华为和京东分别列第 7 位和第 9 位;在净利润方面,2019 年全球净利润排名前 10 的 IT 企业中,美国企业占据 7 席,韩国三星、中国的腾讯和阿里巴巴分别列第 6 位、第 7 位和第 8 位。2019 年(财年)全球营业收入和利润排名前 10 的 IT 企业名单如表 3-1 所示。

表 3-1 2019 年(财年)全球营业收入和利润排名前 10 的 IT 企业名单

单位:亿美元

| 排名 | 企业名称 | 营业收入 | 同比 | 排名 | 企业名称 | 净利润 | 同比 |
| --- | --- | --- | --- | --- | --- | --- | --- |
| 1 | 亚马逊 | 2805.22 | 20.45% | 1 | 苹果 | 552.56 | -7.18% |
| 2 | 苹果 | 2601.74 | -2.04% | 2 | 微软 | 392.40 | 136.80% |
| 3 | 三星 | 1956.00 | -11.72% | 3 | 谷歌 | 343.43 | 11.74% |
| 4 | 鸿海 | 1776.67 | 3.06% | 4 | 英特尔 | 210.48 | -0.02% |
| 5 | 谷歌 | 1618.57 | 18.30% | 5 | 脸书 | 184.85 | -16.40% |
| 6 | 微软 | 1258.43 | 14.03% | 6 | 三星 | 184.56 | -54.21% |
| 7 | 华为 | 1217.77 | 15.77% | 7 | 腾讯 | 133.75 | 25.30% |
| 8 | 戴尔 | 906.21 | 14.65% | 8 | 阿里巴巴 | 119.55 | 17.19% |
| 9 | 京东 | 828.64 | 23.31% | 9 | 思科 | 116.21 | 10464.55% |
| 10 | 索尼 | 781.40 | 1.42% | 10 | 亚马逊 | 115.88 | 15.04% |

(数据来源:1.快科技http://news.mydrivers.com;2.企业财报数据。)

### 3.2.4 中美数字经济投融资市场火热

美国、中国成为全球互联网投融资最活跃的市场，长期位于第一梯队。CB Insights 数据显示，2020 年第二季度，全球共发生融资 3812 笔，比 2019 年同期下降 9%。从区域来看，北美地区的交易数量最多，为 1479 笔，占比为 38.8%；紧随其后的是亚洲地区，占比为 35.4%；欧洲的占比 22.1%，剩余地区的占比为 3.7%。从融资金额看，全球融资总额为 502 亿美元，与 2019 年同期相比下降 13%。其中，北美、亚洲和欧洲 3 个地区的融资金额达 490 亿美元，占比为 97.6%。在融资金额排名前 6 的企业中，美国企业占据 4 席，中英企业各有一家，其中 3 笔融资金额不少于 5 亿美元，分别为中国在线教育平台作业帮（7.5 亿美元）、美国数字支付平台 Stripe（6 亿美元）及美国大数据公司 Palantir Technologies（5 亿美元）。从融资领域看，新兴领域在风险投资中占据着越来越多的比重，数字医疗、金融科技、人工智能占据主导地位，紧随其后的是医疗器械与网络安全。其中，数字医疗领域的融资数量达 173 笔，融资金额为 31 亿美元，与 2020 年第一季度相比，金额持平，数量有所增加。

### 3.2.5 全球数字贸易发展与隐忧并存

信息通信技术推动传统货物贸易方式升级改造，数字贸易在全球贸易中的地位日益增强。数字贸易的蓬勃发展，引发全球范围内关于数字贸易税的讨论与博弈。

### 1. 数字服务贸易[1]快速增长

中国信息通信研究院发布的《数字贸易发展与影响白皮书(2019年)》显示,2008—2018年,全球数字交付贸易出口规模从18379.9亿美元增长到29314亿美元,增长近60%,复合年均增长率约为4.78%(同期服务贸易出口为3.80%,货物贸易出口为1.87%),在服务贸易出口中的占比从45.66%增长到50.15%。

### 2. 发达国家优势进一步扩大

与其他贸易方式相比,发达国家在数字服务贸易领域与发展中国家的差距进一步拉大。《数字贸易发展与影响白皮书(2019年)》显示,2018年发达经济体在数字服务贸易、服务贸易、货物贸易的国际市场占有率分别达到76.1%、67.9%和52%。其中,2018年美国和欧盟的数字服务出口规模分别达到4667.2亿美元和14490.6亿美元,在世界数字服务出口中的合计占比超过65%。中国和印度作为两个最大的发展中国家,数字服务出口规模分别为1314.5亿美元和1326.0亿美元,在世界中的占比仅分别达到4.45%和4.52%。

### 3. 数字税引发多国关注

现有的税收法规和征管框架与强劲发展的数字经济尚不匹配,引发多个国家对全球数字贸易规则制定的高度关注。2018年以来,部分国家提出GAFA税收(以谷歌、苹果、脸书和亚马逊的英文首字母命名),主要是向大型跨国企业在市场所在国产生的销售额征收3%的销售税。英国

---

[1] 数字服务是指可通过互联网进行远程交付的产品和服务。

政府宣布自 2020 年 4 月 1 日起征收数字服务税，对于向英国用户提供社交媒体、搜索引擎或在线营销服务的企业，当其从数字服务中获得的全球收入超过 5 亿英镑，并且来自英国用户的收入超过 2500 万英镑时，超出部分将按 2%的税率征收数字服务税。经济合作与发展组织（OECD）发起并主导了经济数字化的国际税收改革研究，其提出的改革方案赋予市场所在国、用户所在国参与跨国企业所得税分配的合法权利。数字税收改革需要调整与各国利益攸关的国际规则，在全球新冠肺炎疫情快速蔓延的背景下，主要国家关于数字税的争论并未达成一致，将经历多方协调与艰难博弈。

### 4. 数字经济发展挑战与机遇并存

受疫情影响，全球主要市场供需两端同步承压，内外影响相互叠加，核心零部件、高端产品的国际供应链和供需两端有所收缩，对世界数字经济产业链带来一定冲击。部分国家和地区的上下游产业链存在断链风险，对企业后续生产经营和市场开拓带来较大压力，个别国家的单边主义行为加剧了全球市场动荡。但从长远来看，大数据、人工智能、区块链等新技术的发展及其创新应用，将促使发达国家和新兴经济体围绕数字化转型推动本国产业发展，全球供应链、产业链、服务链和价值链将会在重构中建立更加紧密的联系，以新的形式推动经济全球化迈向更高水平。

## 3.2.6 数字经济助力全球抗疫

新冠肺炎疫情给全球经济带来严重打击，据亚洲开发银行估计，疫情将导致全球经济损失高达 8.8 万亿美元。国际货币基金组织（IMF）总裁格奥尔基耶娃称，受疫情影响全球经济将损失 12 万亿美元。联合国贸易和发展会议（UNCTAD）发布研究报告称，新冠肺炎疫情大流行带来的全球危机进一步推进了数字经济发展，并将在全球经济复苏后产生持久影响。随着疫情在全球的扩散蔓延，世界各国纷纷利用数字技术应对疫情冲击，推动全球经济向数字化转型。意大利、韩国、英国等国的学校纷纷停课，学生转至线上学习；苹果、谷歌、脸书等企业均要求员工居家办公，2020 年第二季度，在线视频会议软件开发商 Zoom 视频通信公司的总营业收入达 6.635 亿美元，同比增长 355%。疫情期间，一批数字经济企业利用信息技术和数据优势，在支撑疫情防控、促消费稳增长、助复工促生产、惠民生保稳定、提升治理能力等方面发挥了独特作用。

## 3.3 数字产业化稳步发展

过去一年，全球基础电信产业发展相对平稳，市场增速有所放缓，电子信息制造业整体疲软，可穿戴设备、5G 智能手机等增长潜力巨大。大数据、人工智能、区块链等新一代信息技术服务业保持蓬勃发展态势。互联网信息内容服务业飞速发展，成为数字产业化的"后起之秀"，

### 3.3.1 基础电信业平稳发展

全球基础电信产业稳步增长，疫情推动语音业务需求增加，5G 有望拉动电信业务发展，卫星通信产业进一步走向深度调整期。

### 1. 电信服务业趋势向好

Grand View Research 报告显示，2019 年全球电信服务营业收入约 1.74 万亿美元，预计 2020—2027 年将以 5.0%的复合年均增长率增长。受疫情影响，数字娱乐、远程办公、社交媒体等应用需求持续增长，进而带动语音业务量激增。受益于较高的网民规模和智能手机普及率，中国、日本和印度成为区域市场增长的重要贡献者。根据全球移动通信系统协会（GSMA）的估计，到 2025 年亚太地区有望吸引超过一半的新增移动用户。

### 2. 全球 5G 市场有望实现高速增长

国际咨询机构 Omdia 报告显示，截至 2019 年底，全球 5G 商用网络数量已经达到 62 个，跨地区的 5G 网络覆盖正在显著加速，中国、韩国、澳大利亚、德国、英国和美国等国家的 5G 市场持续壮大。市场调研机构 Grand View Research 数据显示，2019 年全球 5G 基础设施市场营业收入仅为 19 亿美元，2020 年开始有望迎来高速发展，预计 2020—2027 年复合年均增长率将达到 106.4%。根据全球移动通信系统协会的数据，到 2025 年，全球 20.0%的通信连接将合并为 5G 网络。

### 3. 卫星通信各业务领域收入增长

2019 年，卫星通信产业进一步经历了收入结构深度调整、业务应用持续变化的新局面。以电视直播、固定通信等为代表的传统业务收入增长持续放缓，甚至出现下滑态势，数据型、网络型等业务收入则不断增长，全球卫星运营服务领域竞争持续激烈。市场调研机构 Grand View Research 发布的数据显示，2019 年，全球卫星数据服务市场规模为 53

亿美元，预计从 2020—2027 年的复合年均增长率超过 27%。

### 3.3.2 电子信息制造业潜力巨大

2019 年，电子信息产业整体疲软，但具有较大的发展潜力，其中半导体行业尤为明显，与大众消费者密切相关的可穿戴设备和智能手机行业则呈现繁荣景象。

**1. 全球半导体市场相对疲软**

根据全球半导体协会（SIA）发布的 2019 年全球半导体市场报告，由于闪存、内存价格下降，全球半导体行业呈现下滑趋势，全年营业收入 4121 亿美元，比 2018 年同期下降了 12.1%。2019 年 12 月，全球半导体销售额为 361 亿美元，同比下降 5.5%，其中美国市场营业收入 74.9 亿美元，同比下降 10.8%；欧洲市场营业收入 32 亿美元，同比下降 7.6%；日本市场营业收入 30.4 亿美元，同比下降 8.3%；中国市场营业收入 128.1 亿美元，同比增长 0.8%，亚太地区其他市场营业收入 95.6 亿美元，同比下降 7.5%。2017—2019 年全球半导体营业收入趋势变化如图 3-1 所示。

**2. 5G 成智能手机新增长点**

根据国际数据公司发布的数据，2019 年，全球智能手机出货量为 13.71 亿部，同比下降 2.3%，连续 3 年下滑。从手机厂商来看，2019 年，三星、华为、苹果、小米、OPPO 出货量排名前 5，出货量分别为 2.96 亿部、2.41 亿部、1.91 亿部、1.26 亿部、1.14 亿部。从出货量市场份额来看，出货量排名前 5 的手机厂商的市场份额超 7 成。其中，三星市场份额为 21.6%，华为市场份额为 17.6%；苹果市场占份额为 13.9%，小米市场份额为 9.2%，OPPO 市场份额为 8.3%。

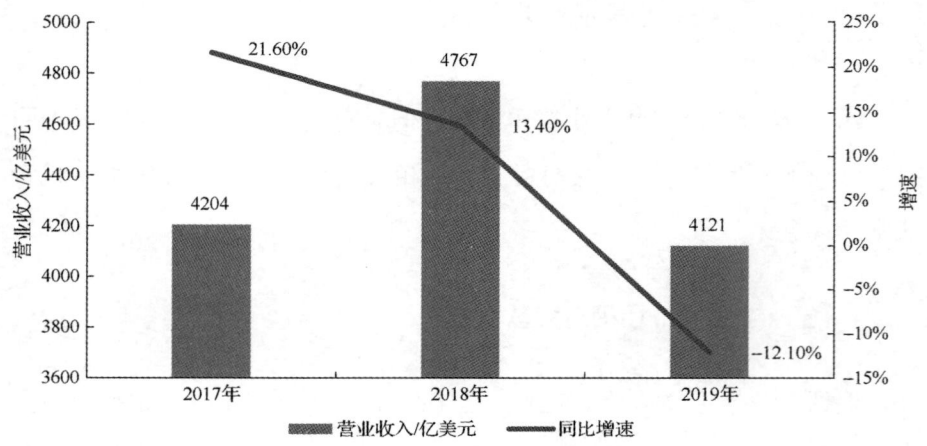

图 3-1　2017—2019 年全球半导体营收趋势变化图

根据国际数据公司的预测，2020 年，5G 手机的全球出货量将达到 1.9 亿部，占智能手机总出货量的 14%。另据中国移动公布的数据及供应链调研，2020 年，中国 5G 手机规模将达到 1.5 亿部。

### 3. 可穿戴设备市场快速增长

根据国际数据公司发布的数据，2020 年第一季度全球可穿戴设备出货量达到 7260 万台，同比增长 29.7%（见图 3-2）。可穿戴设备出货量逆势增长，主要得益于腕带和耳机设备的高速增长，其中，腕带类别在本季度增长了 16.2%；耳机设备增长了 68.3%，占整个市场的 54.9%。

从主要企业的市场份额看，2020 年第一季度，苹果公司出货量达 2120 万台，占市场份额的 29.3%；小米公司紧随其后，出货量达 1010 万台，占比 14%。三星公司排名第 3 位，出货量为 860 万部；其中，耳机业务占该季度总出货量的 74%，同比提高 15.1 个百分点。华为公司和 Fitbit 公司分别排名第 4 位和第 5 位。2019 年第一季度和 2020 年第一季度全球可穿戴设备主要企业的出货量和市场份额情况如表 3-2 所示。

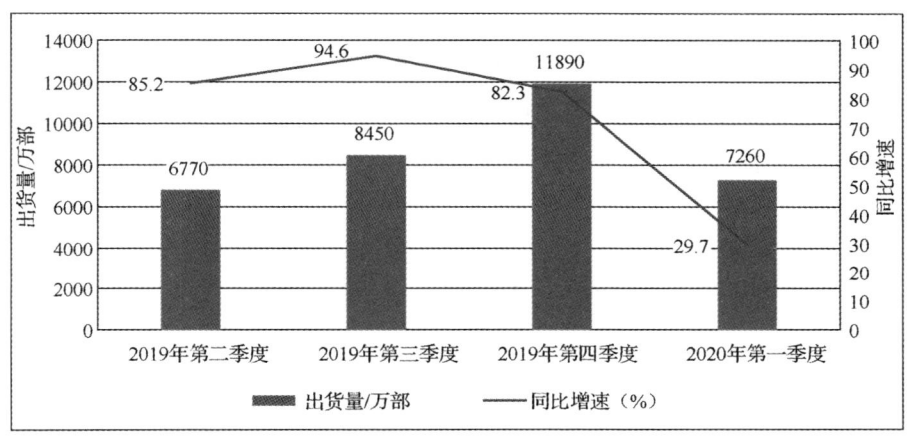

图 3-2　2019 年后三季度与 2020 年第一季度的全球可穿戴设备出货量比较

表 3-2　2019 年第一季度和 2020 年第一季度全球可穿戴设备主要企业的出货量和市场份额情况

| 公司 | 2020 年第一季度出货量/百万台 | 2020 年第一季度市场份额 | 2019 年第一季度出货量/百万台 | 2019 年第一季度市场份额 | 同比增长 |
|---|---|---|---|---|---|
| 苹果 | 21.2 | 29.30% | 13.3 | 23.70% | 59.90% |
| 小米 | 10.1 | 14% | 6.5 | 11.60% | 56.40% |
| 三星 | 8.6 | 11.90% | 5 | 9% | 71.70% |
| 华为 | 8.1 | 11.10% | 5 | 8.90% | 62.20% |
| Fitbit | 2.2 | 3% | 2.9 | 5.20% | −26.10% |
| 其他 | 22.3 | 30.80% | 23.3 | 41.60% | −4% |
| 合计 | 72.6 | 100% | 56 | 100% | 29.70% |

### 3.3.3　软件和信息技术服务业稳健发展

过去一年，软件和信息技术服务业整体发展较为稳健，全球数据量高速增长，推动大数据产业持续蓬勃发展。全球区块链产业经历了 3 年高速发展后增速呈下降趋势，但依然表现强劲。人工智能引领软件和信息技术服务业持续发展，全球科技巨头纷纷布局，抢占用户入口和产业制高点。

**1. 大数据产业继续蓬勃发展**

全球范围内智能终端的日益普及，推动大数据产业继续保持高速发展态势。根据国际咨询机构 MarketWatch 估计，2020 年全球大数据市场营业收入约 542.2 亿美元，到 2026 年有望达到 1567.2 亿美元，年均增长率为 19.3%。

从区域分布看，北美地区大数据服务市场规模占优势，IBM、Oracle、微软、惠普、SAP、亚马逊等企业具有领先优势。根据 IBM 和前瞻产业研究院统计，美国数据中心的数量最多，占比达 44%，其次是中国、日本、英国、澳大利亚、德国，占比分别为 8%、6%、6%、5%、5%。从建设发展来看，美国保持市场领导者地位，在数据中心产品、技术、标准等方面引领全球数据中心市场发展；受益于网民规模优势，亚太地区市场增长最快，与 2018 年同期相比投资增长率达到 12.3%，投资规模达到 751.7 亿美元，中国数据中心市场的稳步发展进一步带动了大数据市场规模持续高速增长。

## 2. 云计算市场竞争日益激烈

2019年，全球云计算市场竞争更加激烈。Canalys发布的数据显示，2019年，全球云计算市场规模首次突破1000亿美元，达到1071亿美元，同比大幅度增长37.6%。亚马逊云计算营业收入为346亿美元，同比增长了36.0%，市场份额为32.3%，排名第1位。微软和谷歌的营业收入分别列第2位和第3位。阿里巴巴在2019年的云计算营业收入为52亿美元，同比增速达到63.8%，市场份额提升至4.9%。在全球各地区的业务分布上，阿里巴巴除了中国市场，在东南亚以及非洲国家拓展迅速，地区之间业务协调性强，已经形成相当可观的生态格局。2018—2019年全球云计算市场份额分配如表3-3所示。

表3-3 2018—2019年全球云计算市场份额分配

| 云服务提供商 | 2019年（×10亿美元） | 2019年市场份额 | 2018年（×10亿美元） | 2018年市场份额 | 增长 |
|---|---|---|---|---|---|
| 亚马逊云服务 | 34.6 | 32.3% | 25.4 | 32.7% | 36.0% |
| 微软云服务 | 18.1 | 16.9% | 11.0 | 14.2% | 63.9% |
| 谷歌云 | 6.2 | 5.8% | 3.3 | 4.2% | 87.8% |
| 阿里云 | 5.2 | 4.9% | 3.2 | 4.1% | 63.8% |
| 其他 | 43.0 | 40.1% | 34.9 | 44.8% | 23.3% |
| 总计 | 107.1 | 100.0% | 77.8 | 100.0% | 37.6% |

数据来源：Canalys

## 3. 区块链技术开发和应用潜力巨大

2019年，全球82个国家、地区、国际组织共发布超过600项区块链相关政策。据零壹智库统计，2012—2019年，全球区块链领域共计发生 1510 笔融资，公开的融资金额达 782.2 亿元。其中，2018 年是区块链领域融资的"暴发年"，2019 年，区块链领域融资逐渐趋于理性，相较于 2018 年，融资金额下滑近 40%。2019 年，全球区块链领域融资数量为 543 笔，融资金额达 238.3 亿元。2012—2019 年区块链融资金额和数量变化趋势如图 3-3 所示。

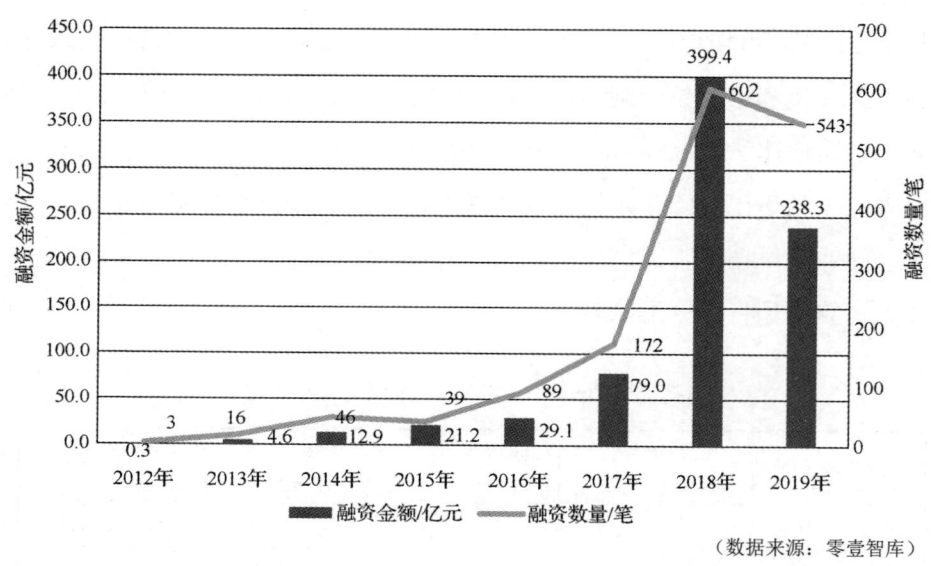

（数据来源：零壹智库）

图 3-3　2012—2019 年区块链融资金额和数量变化趋势

### 4. 人工智能引发全新的产业浪潮

人工智能正在与各行各业快速融合，助力传统行业转型升级、提质增效，在全球范围内引发全新的产业浪潮。全球各大科技巨头基于深度学习等技术对现有和未来产品体系进行整体规划，形成基于新一代人工智能的软硬件产品体系，开展"软件+硬件+应用+芯片"产品布局，纷纷抢占用户入口和新一代人工智能产业的制高点。根据中国电子学会初步统计结果，2019 年全球新一代人工智能产业规模突破 700 亿美元。据预测，到 2020 年全球人工智能产业规模将近 1000 亿美元，2018—2022 年的年均增长率达到 31.6%。

### 3.3.4 互联网信息内容服务业飞速发展

随着互联网技术的不断成熟和创新，信息内容服务行业得到飞速发展，内容分发网络持续增长，市场潜力巨大；付费电视市场加速衰减，进而转向支持广告视频和流媒体；有声读物和播客持续增长，美国在有声读物市场中独占鳌头，中国紧随其后；随着 5G 技术的成熟和广泛应用，网络游戏的潜力将逐渐显现。

**1. 内容分发网络持续增长**

内容分发网络（CDN）旨在通过将内容在物理上更贴近用户，以提高媒体质量、速度和可靠性。根据德勤的相关预测，预计 2020 年全球内容分发网络市场将达到 140 亿美元，比 2019 年增长 25%以上；到 2025 年，市场将翻一番以上，预计达 300 亿美元，复合年均增长率超过 16%。

**2. 视频广告服务业出现转型**

到 2020 年，全球视频广告服务业的收入将达到 320 亿美元；亚洲的视频广告服务业收入将达到 155 亿美元，占全球收入的将近一半。流媒体服务的套餐成本远低于付费电视，为消费者提供前所未有的深度和多样化的内容，视频广告市场逐步从付费电视向流媒体转型。在亚太地区，在经济实惠的 4G 联网服务以及低价智能手机的推动下，亚洲超过 10 亿人观看广告赞助类视频。在美国，媒体巨头在流媒体市场竞争激烈。美国网络视频供应和生产商奈飞公司在2020年（财年）第一季度全球付费订户新增1580万，营业收入为57.7亿美元，同比增长27.6%，净利润为7.09亿美元，同比增长106.1%。

### 3. 有声读物与播客将迎来新风口

根据德勤预测，2020年全球有声读物市场规模将增长25%，达到35亿美元，全球播客市场规模将增长30%，达到11亿美元，首次突破10亿美元大关。美国和中国共占全球有声读物市场规模的七成以上。美国有声读物市场规模排名全球第1，预计2020年达到15亿美元，未来几年内将保持年均20%~25%的可持续增长；其次是中国有声读物市场，有望在2020年创造10亿美元收入，而2017年这一方面的收入仅为4.5亿美元。

### 4. 网络游戏用户规模迅猛增长

移动互联网、AR/VR、智能手机的爆炸式增长，使得移动游戏玩家数量持续增长。亚太地区将在游戏行业中占有最大的市场份额，预计到2021年，东南亚地区的移动在线游戏玩家数量将增加到2.5亿个。新冠肺炎疫情暴发后，在线游戏应用程序的下载量迅速增加，在线时长和人数迅猛增长。2020年3月的调查数据显示，在居家隔离第一周，美国视频游戏玩家环比增长45%，法国增长38%，英国增长29%，德国增长20%。在线游戏用户也有所增加，29%的美国游戏玩家表示，疫情发生以来，用于网络游戏的时间明显更多；英国有17%玩家、法国12%的玩家也都表示游戏时间增多。

## 3.4 产业数字化深入推进

全球经济数字化转型加速，制造业数字化持续深入，加速推动产业链跨界融合，平台化、共享化特征愈发明显，服务业数字化转型升级加速，农业数字化稳步发展，成为世界各国发展重点方向之一。

### 3.4.1 农业数字化稳步发展

农业农村数字化是生物体及环境等农业要素、生产经营管理等农业过程及乡村治理的数字化，是一场深刻革命。世界主要发达国家都将数字农业作为战略重点和优先发展方向，相继出台了"大数据研究和发展计划""农业技术战略"和"农业发展4.0框架"等战略，构筑新一轮产业革命新优势。

#### 1. 推进农业农村数字化转型是全球共识

世界主要国家地区的政府和组织相继推出了数字农业农村发展计划。美国搭建了人工智能战略实施框架，提出智慧农业研究计划。欧盟出台了《地平线2020》，提出利用对地观测技术为小农户搭建智慧服务平台。欧洲农机协会提出了以现代信息技术与先进农业装备应用为特征的农业4.0。德国发布了《有机农业——展望战略》，明确基于"工业4.0"的基本理念发展智慧农业。荷兰发布的《数字化战略》明确了数字化技术在开放式耕种、精准农业、温室园艺、畜牧养殖、食品质量安全以及生产链各环节的应用。日本发布了《机器人新战略》，启动基于智能机械

+IT 的"下一代农林水产业创造技术"。韩国发布了信息化村计划,加快推进农村的信息化建设,以缩小城乡差距和增加农民收入。

### 2. 数字化技术在农业中得到广泛应用

大数据、物联网、云计算、认知计算和人工智能等数字化技术与农业的联系越来越紧密,利用数字化技术,实现农业的精准控制。美国通过卫星和气象大数据收集、处理、分析和可视化系统,为农场提供种植面积测算、作物长势监测、生长周期估算、产量预估、自然灾害预测、病虫害预警等服务。英国在 2013 年开始专门启动"农业技术战略",运用数字技术、传感技术和空间地理技术,更为精准地进行种植和养殖作业,构建强大的数据搜集和分析处理平台,加强农业生产部门和市场需求的对接。德国在开发农业技术上投入大量资金。2020 年 4 月,德国联邦教研部资助的、莱布尼兹农业景观研究中心与其他 9 个研究机构合作开展的项目"未来农业系统:数字农业知识与信息系统(DAKIS)"正式启动;德国政府将在 5 年内提供 740 万欧元的资助,计划开发一种实用的数字信息与决策支持系统,开展机器人、传感器和计算机模型研究,并把生产优化与环境和自然保护相结合。

### 3. 科技巨头纷纷布局农业数字化

农业数字化对企业的技术水平有了更高的要求,世界科技巨头纷纷开始活跃在农业数字化领域。思科正在开发用物联网远程管理农作物的技术,并且还投资了一家专注于计算机视觉、数据处理研究的公司 Prospera Technologies,开发农业专用的人工智能系统。IBM 的沃森子公司在开发精准农业领域的应用,开始用人工智能技术为农业构建数字模型,主要用于预测、模拟未来农业可能出现的不确定性,帮助农民做出更准确的决策。微软正在用机器学习和智能助手 Cortana、物联网打造现代农业解决方案，在印度播种实验中，微软利用人工智能技术优化了播种过程，使每公顷农田平均产量提高了 30%。

## 3.4.2 制造业数字化持续深入

5G 技术的逐渐成熟和广泛应用，有助于工业互联网的深入发展，进而打造智能制造的"生态系统"。工业机器人的普遍应用，正加速推动制造业数字化转型。

### 1. 工业互联网市场规模持续攀升

赛迪发布的数据显示，2019 年全球工业互联网市场规模增长 5%左右，达 8462.1 亿美元。埃森哲预测，到 2030 年，工业互联网将为全球经济总量带来超过 15 万亿美元的增量。在制造业数字化进程中，物联网的应用越来越普遍，并有助于企业在生产程序、成本、生产率等方面制定策略。根据 MPIGroup 的研究，大约 70%的制造商认为物联网增加了他们的盈利能力。到 2020 年，制造业企业将进行约 2670 亿美元的物联网投资。根据美国全国制造商协会数据，基于物联网等数字技术的应用，美国 90%的制造业企业的雇员不足 500 人。

### 2. 5G 技术助推制造业数字化转型

连接问题一直以来是阻碍工业制造业数字化转型的大问题，5G 将在降低延迟、提供高带宽和大规模的可靠实时通信方面发挥作用。运用 5G，制造商可以开始加强对传感器、云、质量检测、集中跟踪等的使用，打造智能制造的"生态系统"。未来，5G 的典型工业应用场景，将由生产外围视频监控、巡检安防、物流配送等，向产品设计仿真、生产控制、质量检测、安全生产等各环节深层次延伸，为全要素、全价值链提供服务。以爱立信为例，该公司在得克萨斯州设立了面积逾 2780$m^2$ 的智慧工厂，将运用 5G 打造先进天线系统以扩大网络涵盖，建立第一座 5G 智慧工厂。

### 3. 机器人市场规模持续增长

2019 年，全球机器人市场规模达 294 亿美元，增长率为 3.2%。其中，工业机器人市场规模为 159 亿美元，占比为 54.1%。亚太地区是机器人最活跃的市场，占全球份额的 60.2%，其次是欧洲和北美地区，分别占 19.9%和 17.4%。

（1）工业机器人渗透率进一步提高。2018 年，工业机器人销量上升了 5%，2019 年增幅出现轻微下滑，2020 年工业机器人销量预计大幅度提升，达到 10%。疫情进一步激发了市场对工业机器人的需求，Research and Markets 报告显示，在后疫情时代，全球工业机器人（包括外围设备、软件和系统工程）规模将会从 2020 年的 446 亿美元增长到 2025 年的 730 亿美元，复合年均增长率达到 10.4%。

（2）专业服务机器人市场快速增长。Research and Markets 预计，2020 年全球将售出供企业使用的机器人近 100 万台，其中将有超过一半是专业服务机器人，包括场地机器人、专业清洁机器人、医用机器人、物流机器人，以及国防、营救和安全应用机器人等，市场规模超过 160 亿美元，比 2019 年增长 30%。

### 3.4.3 服务业数字化转型升级

Digital Market Outlook 数据显示，2019 年，全球主要互联网服务业市场规模约 1836.1 亿美元。疫情促进了服务业的商业模式创新，互联网医疗、在线教育为服务业数字化按下了快进键。

#### 1. 互联网医疗平稳增长

疫情期间，局部地区医疗资源挤兑、供给不足严重，体现为"三难"：新冠肺炎诊断难、其他病患就医难和真假信息辨识难。互联网医疗凭借突破时空、无接触、避免交叉感染的特点，成为人们就医问药的新渠道。数据显示，从 2019 年到 2024 年，全球电子卫生保健市场预计将以 23% 的复合年均增长率增长。

#### 2. 在线教育市场呈现暴发式增长

随着互联网普及率的提高和新型数字技术的出现，以及疫情冲击下，全球在线教育市场呈现暴发式增长。Markets and Markets 预测，全球在线教育市场规模将从 2020 年的 84 亿美元增长到 2025 年的 332 亿美元，在预测期间的复合年均增长率为 31.4%，到 2027 年，全球在线教育市场将达到 540.5 亿美元。从区域分布来看，北美地区市场预计将占据最大的市场份额，其次是欧洲、亚太地区、中东地区、非洲和拉丁美洲。其中，中国、日本和印度等国家在内的亚太地区对在线学习的需求正在以更快的速度增长。

#### 3. 疫情倒逼远程办公高速发展

疫情暴发后，为保证社会正常运转、减少企业损失，众多企业安排员工在家远程办公，公众对远程办公的关注一度迎来热潮。中国远程办公渗透率虽然较低，但由于互联网、大数据、云计算等底层技术和基础设施较为完善，传统企业的数字化转型需求也较为迫切，远程办公有望迎来较快发展。疫情以来，腾讯会议、阿里钉钉、神州云动CloudCC等软件为数千万家中小企业提供音视频会议、群直播以及协同办公服务。

## 3.5 金融科技规范与发展并行

全球范围内金融科技蓬勃发展，数字货币、数字银行、数字金融监管等成为关注重点，科技巨头纷纷布局金融科技领域，市场竞争日趋激烈，拉美等新型市场国家成为金融科技发展的热土。

### 3.5.1 数字货币发行提上日程

出于保护使用者隐私、反洗钱、提升货币政策效果、提升国家经济控制能力和本国法币竞争力等方面的考虑，厄瓜多尔、塞内加尔、马绍尔群岛共和国、乌拉圭、委内瑞拉等国家的央行率先推出了数字货币；中国、瑞典、巴哈马、东加勒比、立陶宛、泰国、俄罗斯、巴基斯坦等国家的央行明确提出将发行数字货币提上日程；加拿大、巴西、挪威、英国、菲律宾、以色列、丹麦、新加坡、韩国等国家的央行正在进行数字货币探索论证。

## 3.5.2 数字银行成为发展热点

数字银行发展炙手可热,新兴机构资源充沛,传统银行纷纷布局数字化平台。新兴数字银行融资充沛,发展势头迅猛。在美国,数字银行 Chime 成功获得 7 亿美元融资,平台估值突破 58 亿美元;在拉丁美洲,巴西数字银行 Nubank 获得一次性融资 4 亿美元;在英国、澳大利亚、加拿大和墨西哥,Starling Bank、Tide、Xinjia Bank、Koho、Klar 等多家数字银行先后获得超过千万美元的融资。同时,传统金融机构纷纷布局数字银行。汇丰银行的数字银行平台 HSBC Kinetic 加速投入,苏格兰皇家银行数字银行产品 Bo 正式推出。为了引导产业健康发展,新加坡率先开启数字银行牌照申请通道,马来西亚公布了《数字银行许可框架征求意见稿》,明确数字银行发展的目标和规划。

## 3.5.3 新兴经济体成为发展热土

拉美地区金融科技市场获融资 20 亿美元,尤其是巴西、墨西哥、哥伦比亚和阿根廷吸引融资较多。软银、纪源资本(GGV Capital)在内的多家风投机构都相继在拉美地区市场投资金融科技产业。数字银行 Nubank 和数字借贷平台 Creditas 等涉足借贷、保险、数字银行、财富管理和移动支付等多个领域的金融机构发展迅速,成熟的金融科技平台逐步走向"一站式服务平台"模式。但是,由于相关技术和监管法规还不健全,智利、秘鲁等国家还有许多地区的金融科技市场空白。

### 3.5.4 数字金融监管逐渐完善

"监管沙盒"机制在保证法规监管的情况下提供适度宽松的环境,提供更大的发挥和试错空间。截至目前,英国、韩国、新加坡、中国、美国等国家的金融监管机构推出或明确准备推出金融科技"监管沙盒"。与此同时,"监管沙盒"机制发展呈现出国际化、细分化特点,美国证券交易委员会、货币监理署和联邦存款保险公司宣布加入全球金融创新网络联盟;新加坡金融管理局宣布推出"金融科技快捷沙盒监管机制";英国金融行为管理局就"跨部门监管沙盒"征询意见,并希望在受控环境下与多个监管机构合作开展业务联动。

## 3.6 电子商务保持扩张态势

全球电子商务继续保持扩张态势,电子商务销售额再创新高,占全球零售业的比重持续攀升,亚太地区等新兴市场增长较快,移动电子商务高速发展。

### 3.6.1 电子商务销售额不断攀升

电子商务销售额再创新高,占零售业的比重持续上升。eMarketer 数据显示,2019 年全球电子商务营业额突破 34660 亿美元,占零售业的比重达 13.7%,较 2018 年增加 1.7 个百分点,预计到 2021 年这一数据将达到 17.3%。可见,电子商务在全球零售业领域的地位与日俱增。2017—

2021年全球电子商务销售额及其占零售业的比重如图3-4所示。

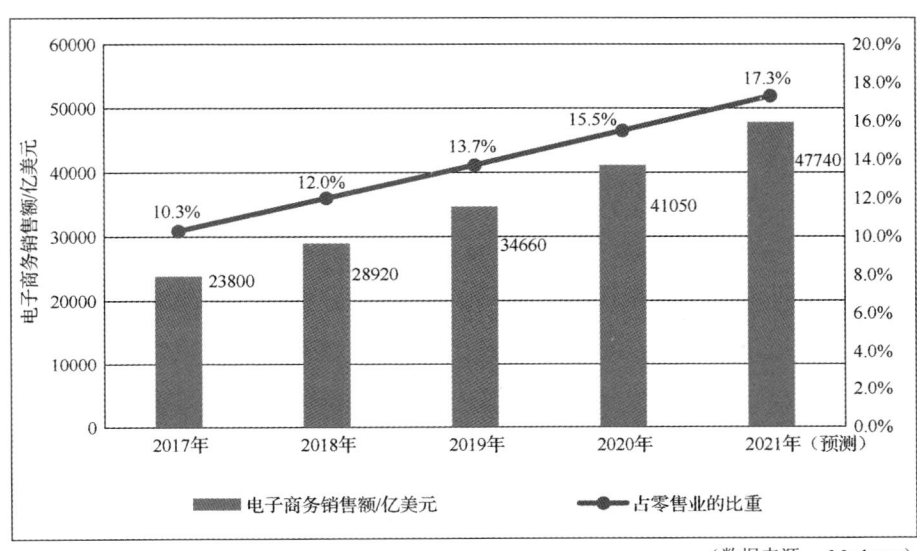

(数据来源：eMarketer)

图3-4 2017—2021年全球电子商务销售额及其占零售业的比重

（1）电子商务销售额增速持续放缓。虽然全球电子商务销售额持续走高，但增速呈现下滑态势。2019年电子商务销售额增速为19.9%，仍然保持高速增长态势，但增速较2018年回落1.6个百分点。2017—2021年全球电子商务销售额及其增长趋势如图3-5所示。

（2）移动电子商务占比稳步提高。随着智能手机和移动支付的深度普及，全球移动电子商务销售额呈现高速增长态势。2019年，移动电子商务销售额为22240.8亿美元，占电子商务销售额的64.2%，占比较2018年增加3.4个百分点。预计到2021年，该比例将进一步提升至69.5%。2017—2021年全球移动电子商务销售额及其占比如图3-6所示。

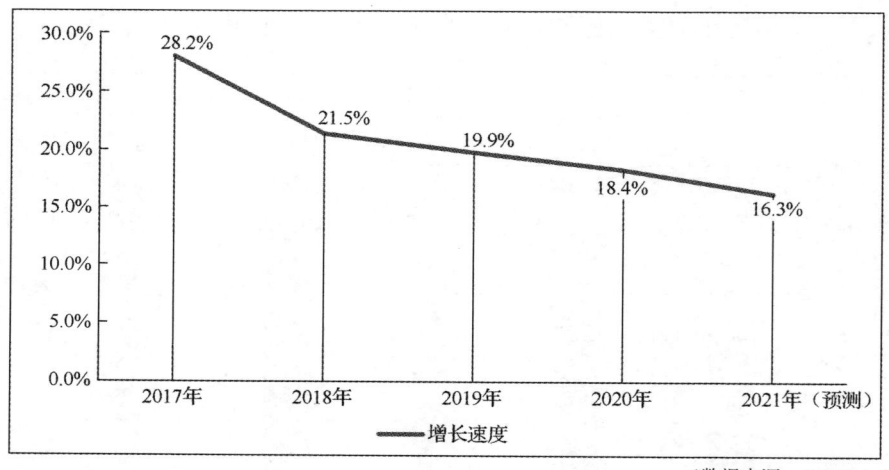

（数据来源：eMarketer）

图 3-5　2017—2021 年全球电子商务销售额及其增长趋势

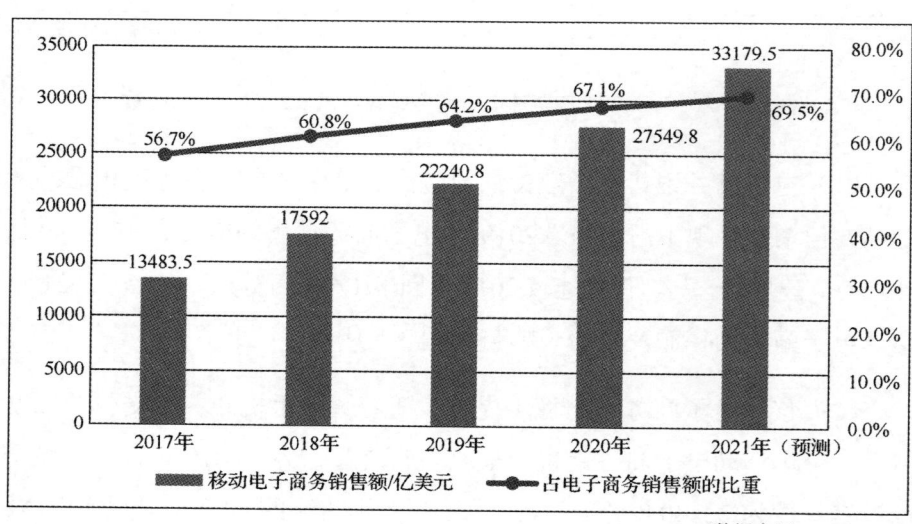

（数据来源：eMarketer）

图 3-6　2017—2021 年全球移动电子商务销售额及其占比

## 3.6.2 全球市场格局基本稳定

亚太地区电子商务交易额保持绝对领先地位。2019 年，亚太地区电子商务交易额达 22114.2 亿美元，同比增长 23.9%，东南亚地区、中东地区、印度等新兴电子商务市场开始快速崛起。以越南为例，GlobalData 数据显示，越南电子商务市场交易额在过去 5 年内翻了一番，从 2015 年的 90.1 万亿越盾（约合 39 亿美元）增加到 2019 年的 218.3 万亿越盾（约合 94 亿美元）。据越南国家银行支付局统计，2019 年，越南互联网支付交易量增长 66%。2019 年全球各地区电子商务交易额如图 3-7 所示。

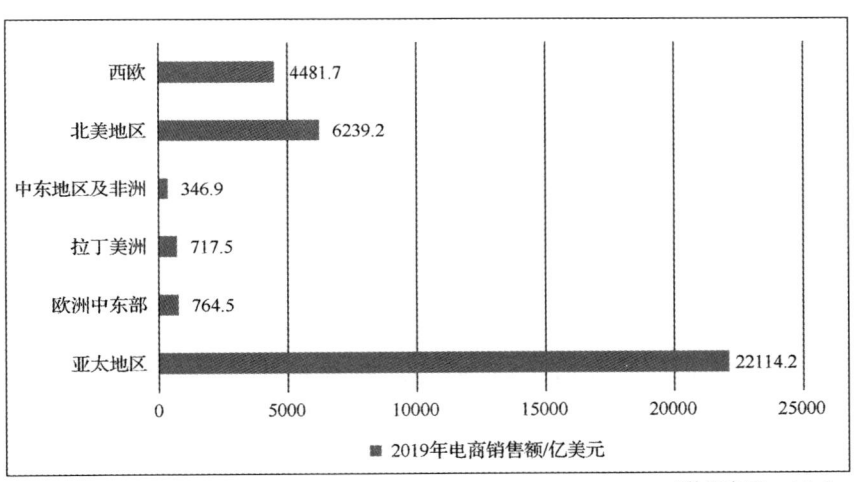

（数据来源：eMarketer）

图 3-7 2019 年全球各地区电子商务交易额

从市场交易额增速来看，2019年增长最快的十大电子商务国家中（见图3-8），有6个来自亚太地区，印度、菲律宾两国的电子商务交易额增速超过30%，中国市场增长25.9%，其次为马来西亚（22.4%）、印度尼西亚（22%）、新加坡（21.5%）和韩国（17.5%）。

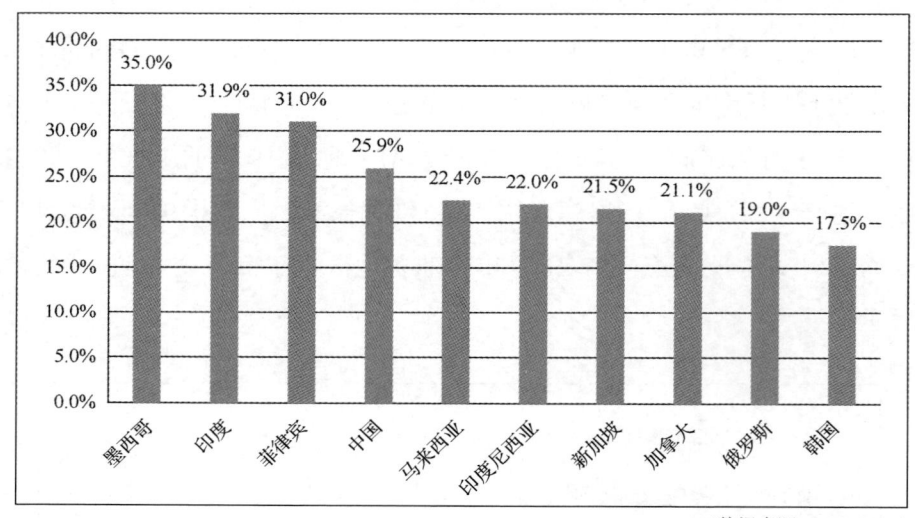

（数据来源：eMarketer）

图3-8　2019年增长最快的十大电子商务国家

北美地区和西欧电子商务交易额增速低于全球平均水平，2019年，北美地区电子商务交易额增速为13.2%，西欧电子商务交易额增速为10.6%，均低于全球平均水平19.9%。中东地区、非洲及拉丁美洲地区电子商务交易额增速较快。相关数据显示，2019年拉丁美洲电子商务交易额增速为22.0%，中东地区及非洲增速为21.3%，均高于全球平均水平。2019年各地区电子商务交易额增速如图3-9所示。

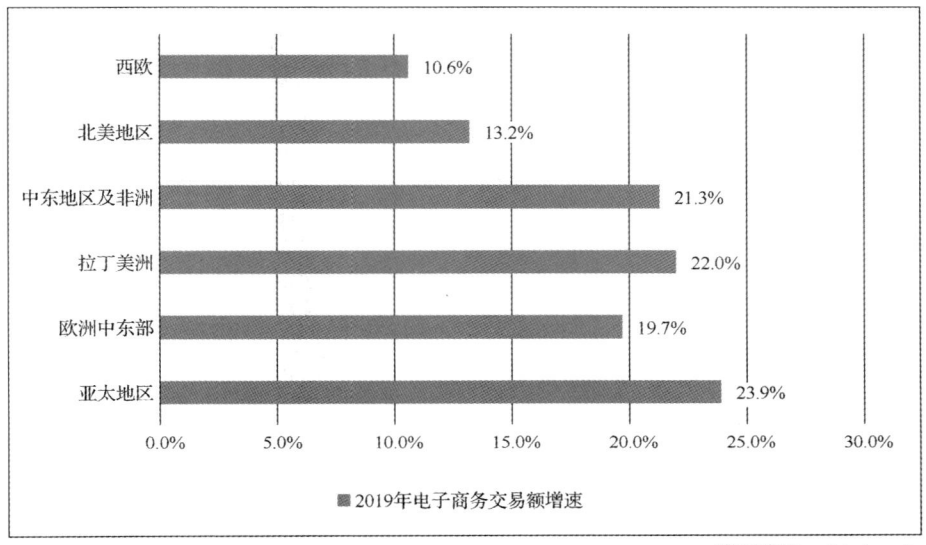

（数据来源：eMarketer）

图 3-9　2019 年各地区电子商务交易额增速

# 第 4 章　世界电子政务发展

## 4.1　概述

近年来,信息化与经济社会各领域加速融合,政务领域开展了大量信息化探索。在技术应用方面,区块链、物联网、人工智能等新一代信息技术的应用与创新不断涌现;在服务提供方面,各国更强调政务服务主动提供、公共价值导向和政府有效回应,服务渠道和内容也得到持续扩展;在治理模式方面,协同治理模式不断创新,部分管理途径和政务流程被重设和再造。国际主流的电子政务发展报告显示,世界各国在政务基础设施、政府数据开放、政府在线服务、数字素养等方面持续向好,丹麦、瑞典、美国、新加坡等国的电子政务处于领先位置,中国的电子政务也取得了较大进步。

电子政务也在各国应对新冠肺炎疫情的过程中发挥了积极作用。世界卫生组织(WHO)面对疫情发展,积极使用电子政务,为世界各国有效抗击疫情提供指导和帮助;新加坡、德国、意大利、韩国等国纷纷采用电子政务手段加强社会管理、实施疫情防控。

## 4.2 世界电子政务的前沿探索

近年来,世界电子政务在技术应用、服务模式、治理协同等各方面取得了一系列的创新与突破,在理论和实践方面均积累了丰富经验。

### 4.2.1 电子政务涌现的技术应用创新

**1. 区块链成为政务领域关注热点**

区块链在数据安全管理方面具有突出优势[1]。随着区块链技术的逐渐成熟,各国不断完善区块链相关法规,提出战略倡议,并在数据资产、安全管理等领域开展了诸多创新实践。欧盟启动了《欧洲地平线2020计划》,拟投入3亿欧元支持欧盟区打造跨境区块链生态系统[2]。德国政府在2019年发布了《联邦政府区块链战略》,旨在利用区块链技术发掘政府数字化转型的潜力,提供数字化的公共行政服务[3]。部分国家或地区在法律条款中明确区块链地位,如美国亚利桑那州制定了法律,明确授予区块链智能合约与普通合约相同的法律效力[4]。

当前区块链技术主要应用于金融、税收、身份认证等安全要求较高

---

[1] 刘炼箴, 杨东. 区块链嵌入政府管理方式变革研究[J]. 行政管理改革, 2020(04): 37-46.

[2] https://www.trustnodes.com/2018/04/11/european-blockchain-partnership-signed-e300-million-allocated-blockchain-projects

[3] https://www.bmwi.de/Redaktion/EN/Publikationen/Digitale-Welt/blockchain-strategy.html

[4] https://www.azleg.gov/legtext/53leg/1r/bills/hb2417p.pdf

的场景。挪威、马耳他、西班牙、希腊、英国等欧洲国家共同组建了证书应用（Use Case Diplomas）项目，通过建立欧洲信任网络，为成员国之间的证书交换提供便利。荷兰政府在多项政府业务中探索应用区块链技术[1]：中央司法机构（CJIB）设立金融应急站（Financial Emergency Stop）项目，创建金融信息安全生态系统，公民可以查阅个人债务数据并选择受信任组织共享此数据；税务部门探索了区块链技术在营业税的应用。在应对此次新冠肺炎疫情时，荷兰政府也运用区块链技术保障医疗产品供需匹配的透明度和信息安全，荷兰红十字会网站还接受以比特币付款的捐赠[2]。

### 2. 各类新兴技术加速向公共领域渗透

技术应用创新是电子政务发展的重要驱动因素。物联网、人工智能、云计算等新一代信息技术在过去 10 年中极大地重塑了政府治理，不仅保障政府服务供给、提高政府信息透明度、改变政民互动方式，还不断推进政府组织变革及政府流程优化。

物联网技术被广泛应用于智慧城市、智慧社区、智慧家居等领域。如西班牙桑坦德市推出的"智慧桑坦德"（Smart Santander）平台[3]将感知设备部署在路灯、公交车站、建筑物、公交车、出租车等城市设施中，并让装设了相关 App 的智能手机也成为"智慧桑坦德"平台的重要感知部分，运用这些数字化设备实现了城市运行状态的实时监测。在环境监

---

[1] Koster, Fay & Borgman, Hans. （2020）. New Kid On The Block! Understanding Blockchain Adoption in the Public Sector. 10.24251/HICSS.2020.219.

[2] Dutch Government to use Blockchain to fight Covid19 https://www.unlock-bc.com/news/2020-03-31/dutch-government-to-use-blockchain-to-fight-covid19.

[3] Sánchez, L., Lanza, J., & Muñoz, L. （2020）. From the Internet of Things to the Social Innovation and the Economy of Data. Wireless Personal Communications, 1-15.

测方面，桑坦德在市中心的灯柱和建筑物表面安装了 2000 多种物联网设备，以测量温度、一氧化碳、噪声、光等不同环境参数。为了使城市公园灌溉尽可能高效，桑坦德市在两个重要绿色区域中部署了约 50 个设备，以监控湿度和风况等与灌溉有关的参数。

机器学习技术可对多源异构的数据进行自动分类和自动化处理[1]。例如，美国国家航空航天局（NASA）的人工智能系统 Audrey 可以辅助应急管理人员进行认知推理决策，实现应急场景下的迅速响应[2-3]。该系统已在华盛顿州格兰特县、加拿大安大略省进行了试运行[4]。英国伦敦也正与艾伦·图灵研究所（Alan Turing Institute）合作，通过机器学习技术对环境开放数据进行分析以改善空气污染[5]。

### 4.2.2 电子政务驱动服务模式创新

#### 1. 主动提供政务服务

与传统被动式的政务服务模式相比，电子政务驱动的服务模式更加强调公共价值导向的主动服务。爱沙尼亚是世界上数字化转型最快的国家之一，其在联合国世界电子政务调查报告中的排名从 2018 年第 16 位跃升至 2020 年第 3 位，"主动服务（Proactive Services）"是该国数字化

---

[1] Usman, M., Jan, M. A., He, X., & Chen, J.（2019）. A survey on big multimedia data processing and management in smart cities. ACM Computing Surveys （CSUR）, 52（3）, 1-29.

[2] https://gcn.com/articles/2019/09/25/ai-audrey-responders.aspx

[3] https://technology.nasa.gov/features/audrey.html

[4] https://healthcare-in-europe.com/en/news/could-ai-audrey-be-the-future-first-response-assistant.html

[5] https://mobility.here.com/learn/smart-city-initiatives/london-smart-city-tackling-challenges-20-initiatives

发展的重要途径[1]。

爱沙尼亚政府主动为居民提供"无缝隙"服务[2],通过技术手段将不同政府部门服务事项联结在一起,覆盖了公民出生、上学、找工作、购房等各个重要环节,实现由一个机构为公民提供一体化服务。以爱沙尼亚第一个基于事件的"家庭福利服务"(见图4-1)为例,其作为爱沙尼亚社会保险委员会(SKA)负责的一项公民福利,在运行过程中无须公民申请,政府基于所掌握的信息,即可主动为公民提供相应的福利[3]。例如,新生儿降临后,社会保险委员会(SKA)会主动向新生儿父母发送领取相应家庭补助的邮件。目前,该服务每月为爱沙尼亚公民提供超过4400万欧元的家庭补助。

图 4-1　爱沙尼亚政府在 Facebook 上宣传第一项政府主动服务——家庭福利服务上线[4]

---

[1] https://e-estonia.com/estonia-top-3-in-un-e-government-survey-2020/

[2] https://e-estonia.com/proactive-services-estonia/

[3] https://news.err.ee/991789/parents-no-longer-have-to-apply-for-family-benefits

[4] https://www.facebook.com/estoniadigitalsociety/posts/the-first-proactive-governance-service-is-now-live-from-now-on-new-parents-need-/3093571767383980/

## 2. 增加公民有效参与

各国不断通过电子政务提升公民对公共事务的参与度。例如，西班牙马德里市议会为促进公民参与政府决策设立的"决定马德里"（Decide Madrid）在线公众参与网站平台[1]，用户可通过该平台发起议案并进行投票。该平台在确保马德里市政府程序透明的同时推动了公民有效参与公共事务。

### 4.2.3 电子政务催生的治理协同创新

#### 1. 政府内部协同

近年来，政府内部协同水平不断提升，逐步向全流程一体化的政务服务转变。多国政府借助构建一体化政务平台，统一数据标准，重构业务流程，实现各政府部门的数据交换和业务协同。例如，乌拉圭政府开发的电子政务互操作平台（the Uruguayan e-Government Interoperability Platform，egovIP）为各机构间数据交互操作奠定基础[2-3]。通过该平台，各系统和设备能够以标准化的方式交换不同来源的数据。乌拉圭政府在《2020 数字政府战略》中进一步提出开发数据交互操作的方案，如开放国家空间数据、设立数据标准等。

---

[1] https://decide.madrid.es/

[2] González, L., & Ruggia, R. （2020, January）. Controlling Compliance of Collaborative Business Processes through an Integration Platform within an E-government Scenario. In Proceedings of the 53rd Hawaii International Conference on System Sciences.

[3] González, L., Echevarría, A., Morales, D., & Ruggia, R. （2016）. An e-government interoperability platform supporting personal data protection regulations. CLEI electronic journal, 19（2），8-8.

## 2. 多元主体协同

政府、企业、公民等多元主体协同是公共服务产品供给的重要发展趋势，这一协同模式不仅有利于满足公共服务的需求，提高政府的透明度，也有利于减轻财政压力，促进公共服务创新。

近年来，部分国家构建了基于数字平台驱动的"协同生态"，政府不再提供具体服务（如审批、许可、基础设施），而是从公共需求出发，提供创新协同的数字环境。例如，澳大利亚新南威尔士政企协作在线平台"我的装修设计师"（My Renovation Planner），为城市居民、设计师构建了创新应用环境，在满足市民个性化装修需求的同时方便政府监管市场交易行为[1]。在荷兰，鹿特丹港、荷兰银行和三星共同开发了数字平台Deliver，创建了一个共享物流、金融信息的协同数字环境。

当前，协同治理开始侧重利益相关者的早期介入，以降低后期的协同风险。为尽早识别各方需求，提前进行协作磨合，芬兰财政部《电子服务和电子民主行动计划》的 Lupapiste.fi 项目，在实施早期便邀请利益相关者参与，并及时回应相关需求，有效提升了政民交互的质量[2]。

---

[1] Tan, Felix Ter Chian & Hopkins, Edward & Chan, Calvin & Leong, Carmen & Wright, Anthony. (2020). Digital Platform-Enabled Community Development: A Case Study of a Private-Public Partnership Sustainability Initiative. 10.24251/HICSS.2020.282.

[2] Helander, N., Jussila, J., Bal, A., Sillanpää, V., Paunu, A., Ammirato, S., & Felicetti, A. (2020, January). Co-creating Digital Government sSrvice: An Activity Theory Perspective. In Proceedings of the 53rd Hawaii International Conference on System Sciences.

## 4.3 世界电子政务的实践评价

近年来,联合国(UN)、世界信息技术和服务联盟(WITSA)、早稻田大学(Waseda)等国际组织和研究机构持续开展了电子政务、数字政府、数字竞争力等方面的评估工作,从综合发展、政务基础设施、政务数据开放、在线服务水平、数字素养水平等多个维度对各个国家和地区的电子政务工作进行总结评价,为公众和政府了解世界电子政务发展状况提供参考。

### 4.3.1 综合性电子政务评价

当前,国际上对电子政务发展进行综合性评估的报告主要有联合国发布的《电子政务调查报告》[1]、瑞士洛桑国际管理学院(IMD)发布的《世界数字竞争力排名》、世界信息技术和服务联盟发布的《世界网络就绪指数》[2]报告,以及早稻田大学发布的《国际数字政府排名评价报告》,这些评估报告各有侧重。联合国报告主要从在线服务指数(OSI)、电信基础设施指数(TII)和人力资本指数(HCI)方面衡量一个国家的电子政务发展情况。IMD报告关注知识、技术、未来准备,评价各经济体应用数字技术作为经济、政府和社会转型主要驱动力的能力及就绪度。WITSA报告则主要从技术、人力、治理和影响4个方面评估电子政务网

---

[1] https://publicadministration.un.org/en/research/un-e-government-surveys

[2] https://networkreadinessindex.org/

络的准备情况[1]。早稻田大学借助网络就绪度、在线服务等 10 个指标衡量国际数字政府发展情况。近期，部分国家在 4 类综合性电子政务评价报告中的排名比较如表 4-1 所示。

表 4-1　部分国家在 4 类综合性电子政务评价报告中的排名比较

| | UN 2020 | IMD 2019 | WITSA 2019 | Waseda 2018 |
|---|---|---|---|---|
| 覆盖国家/个 | 193 | 63 | 121 | 65 |
| 丹麦 | 1 | 4 | 6 | 1 |
| 韩国 | 2 | 10 | 17 | 6 |
| 爱沙尼亚 | 3 | 29 | 23 | 4 |
| 芬兰 | 4 | 7 | 7 | 13 |
| 澳大利亚 | 5 | 14 | 13 | 10 |
| 瑞典 | 6 | 3 | 1 | 8 |
| 英国 | 7 | 15 | 10 | 3 |
| 新西兰 | 8 | 18 | 16 | 14 |
| 美国 | 9 | 1 | 8 | 5 |
| 荷兰 | 10 | 6 | 3 | 17 |
| 新加坡 | 11 | 2 | 2 | 2 |
| 冰岛 | 12 | 27 | 21 | 15 |
| 挪威 | 13 | 9 | 4 | 11 |
| 日本 | 14 | 23 | 12 | 7 |
| 奥地利 | 15 | 20 | 15 | 22 |
| 中国 | 45 | 22 | 41 | 32 |

注：表格数据由作者整理

总体来看，丹麦、瑞典、美国这 3 国的数字化建设及电子政务发展水平较高，在不同评估报告中都处于世界前 10 的领先地位；而中国则处于中上水平，稳中有升。在联合国发布的《电子政务调查报告》中，中国的综合排名从 2018 年的第 65 位跃升到 2020 年的第 45 位。

---

[1] https://networkreadinessindex.org/

## 4.3.2 政务基础设施

IMD发布的《世界数字竞争力排名》中的技术指标和网络就绪度指标,以及WITSA发布《网络就绪度指数》中的技术指标,在一定程度上反映了各国政务基础设施建设现状。

IMD评估包括技术指标和网络就绪度指标两大方面。在技术指标中,监管框架指各国开办企业、执行合约、科研和知识产权立法等监管框架的完整性;资本指标反映了各国风险投资、电信投资等情况;技术框架包括通信技术、移动宽带用户、无线宽带、互联网用户数、互联网带宽速度、高科技出口等指标。在网络就绪度指标中,采纳态度为电子参与、智能手机等方面的应用情况;业务敏捷性包括大数据分析工具应用、知识转化、机器人应用分布等情况;IT一体化反映电子政务、政府与社会资本合作(PPP)、网络安全、盗版软件管理等情况。IMD评估榜单前15的国家和地区与中国大陆的各项指标对比如表4-2所示。

表4-2 IMD评估榜单前15的国家和地区与中国大陆的各项指标对比

| 国家 | 排名 | 技术指标 | | | 网络就绪度指标 | | |
|---|---|---|---|---|---|---|---|
| | | 监管框架 | 资本 | 技术框架 | 采纳态度 | 业务敏捷性 | IT一体化 |
| 美国 | 1 | 19 | 1 | 11 | 2 | 2 | 5 |
| 新加坡 | 2 | 2 | 8 | 1 | 19 | 6 | 4 |
| 瑞典 | 3 | 5 | 4 | 12 | 8 | 13 | 12 |
| 丹麦 | 4 | 10 | 27 | 8 | 1 | 10 | 1 |
| 瑞士 | 5 | 14 | 16 | 9 | 11 | 14 | 7 |
| 荷兰 | 6 | 6 | 5 | 10 | 9 | 7 | 3 |
| 芬兰 | 7 | 9 | 11 | 13 | 6 | 27 | 2 |
| 中国香港 | 8 | 12 | 6 | 3 | 12 | 8 | 22 |

续表

| 国家 | 排名 | 技术指标 | | | 网络就绪度指标 | | |
|---|---|---|---|---|---|---|---|
| | | 监管框架 | 资本 | 技术框架 | 采纳态度 | 业务敏捷性 | IT一体化 |
| 挪威 | 9 | 3 | 7 | 6 | 5 | 23 | 9 |
| 韩国 | 10 | 26 | 29 | 7 | 4 | 5 | 21 |
| 加拿大 | 11 | 17 | 10 | 27 | 17 | 16 | 13 |
| 阿联酋 | 12 | 1 | 2 | 5 | 20 | 4 | 8 |
| 中国台湾 | 13 | 23 | 12 | 4 | 14 | 3 | 24 |
| 澳大利亚 | 14 | 7 | 19 | 17 | 7 | 35 | 11 |
| 英国 | 15 | 18 | 22 | 18 | 10 | 26 | 14 |
| 中国大陆 | 22 | 20 | 32 | 32 | 24 | 1 | 41 |

美国在资本指标方面排名第1，网络就绪度指标均排名世界前5。新加坡在监管框架、技术框架、IT一体化等方面位于世界前列，但在采纳态度方面排名较低。中国大陆在业务敏捷性指标方面排名第1，但在IT一体化、资本、技术框架等指标方面仍需提升。

从近3年IMD世界数字竞争力技术（见图4-2）和网络就绪度（见图4-3）指标排名变化中可以看到，阿联酋、荷兰、法国、拉脱维亚、立陶宛、中国大陆、泰国和西班牙在技术指标领域取得持续进步，韩国、爱尔兰、中国大陆、中国台湾、中国香港、德国、卢森堡等国家和地区则在网络就绪度领域取得较大进展。

跨部门数据中心建设是当前电子政务基础设施建设的重要内容，为政府机构整合利用数据资源、挖掘数据价值提供了有力的支撑。韩国建立了泛政府数据中心——国家信息资源服务中心（NIRS），负责集成和管理中央政府机构的数据和信息。该中心通过政务云促进部门间信息共享并优化资源利用，集成、运营和管理45个中央政府机构的1230个电子政务服务，并通过运行Hye-An（泛政府大数据门户网站），为政府提供决策支持，使用人工智能技术支持的集成安全管理系统保护国家信息资源[1]。

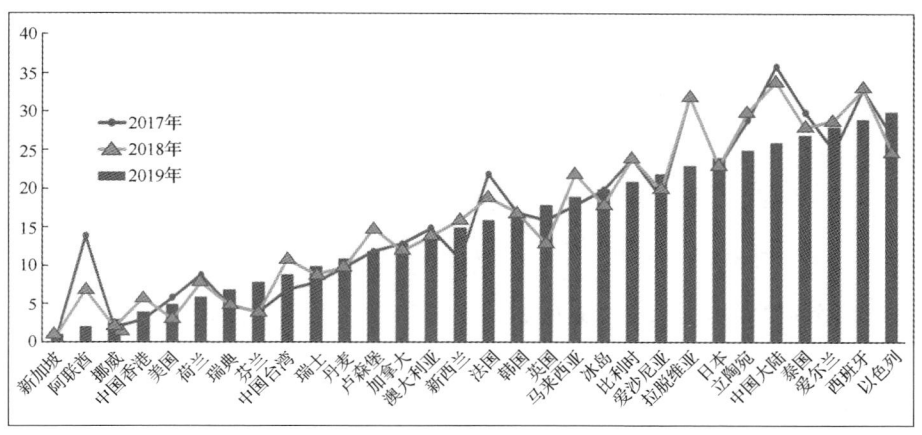

图 4-2　IMD 世界数字竞争力技术指标排名情况（前 30 名）

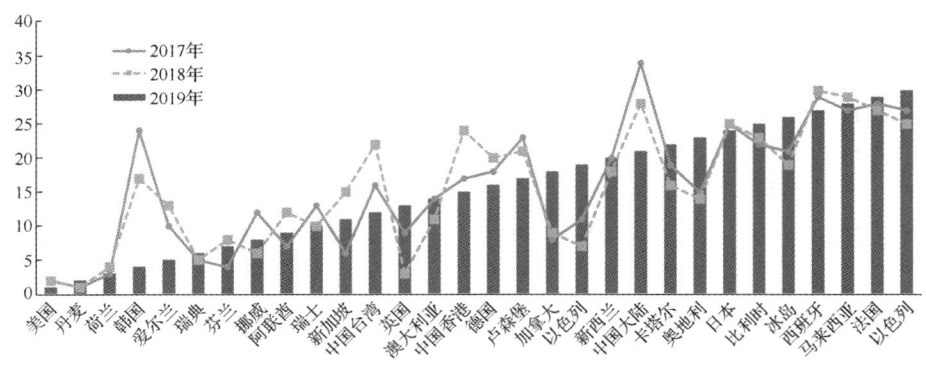

图 4-3　IMD 世界数字竞争力网络就绪度指标排名情况（前 30 名）

---

[1] 资料来源：韩国国家信息资源中心（www.nirs.go.kr）。

### 4.3.3 政府数据开放

近年来,多国通过出台政策、建立框架、开设门户网站等方式推动政府数据开放。挪威在2020年1月发布了《国家人工智能战略》(National Strategy for Artificial Intelligence),强调政府应通过开放数据来帮助人工智能夯实基础,推动学界、企业和社会创新性地应用数据。2019年,由爱沙尼亚、新西兰、韩国和英国等9国发起成立的数字国家联盟(D9)在乌拉圭首都蒙得维的亚发布了《数据360°蒙得维的亚宣言》,就政府数据的创建、收集、管理、治理、共享和使用提出通用的愿景,用以改善服务供给,提供决策参考,促进创新研究。

除出台整体框架和相关政策外,各国还积极搭建开放政府数据的门户和平台。例如,澳大利亚的悉尼数据中心主动向公众提供数百个有关环境、社区、经济、公共领域、交通、可持续性、文化、行政边界和规划的数据集,推动包容且可持续的城市化进程[1]。

政府数据开放是电子政务发展的重要部分。经济合作与发展组织(OECD)在2019年发布的《开放应用再利用指数》(OURdata)[2],从数据可用性、数据可及性、政府对数据再应用的支持程度3个方面对OECD成员国的数据开放程度进行评估[3]。结果显示,OECD成员国开放应用再利用指数平均值为0.6(满分为1,见图4-4),

---

[1] City of Sydney, Data Hub (https://data.cityofsydney.nsw.gov.au/).

[2] http://www.oecd.org/gov/digital-government/open-government-data.htm

[3] 该指数发布于2015年,每两年更新一次。

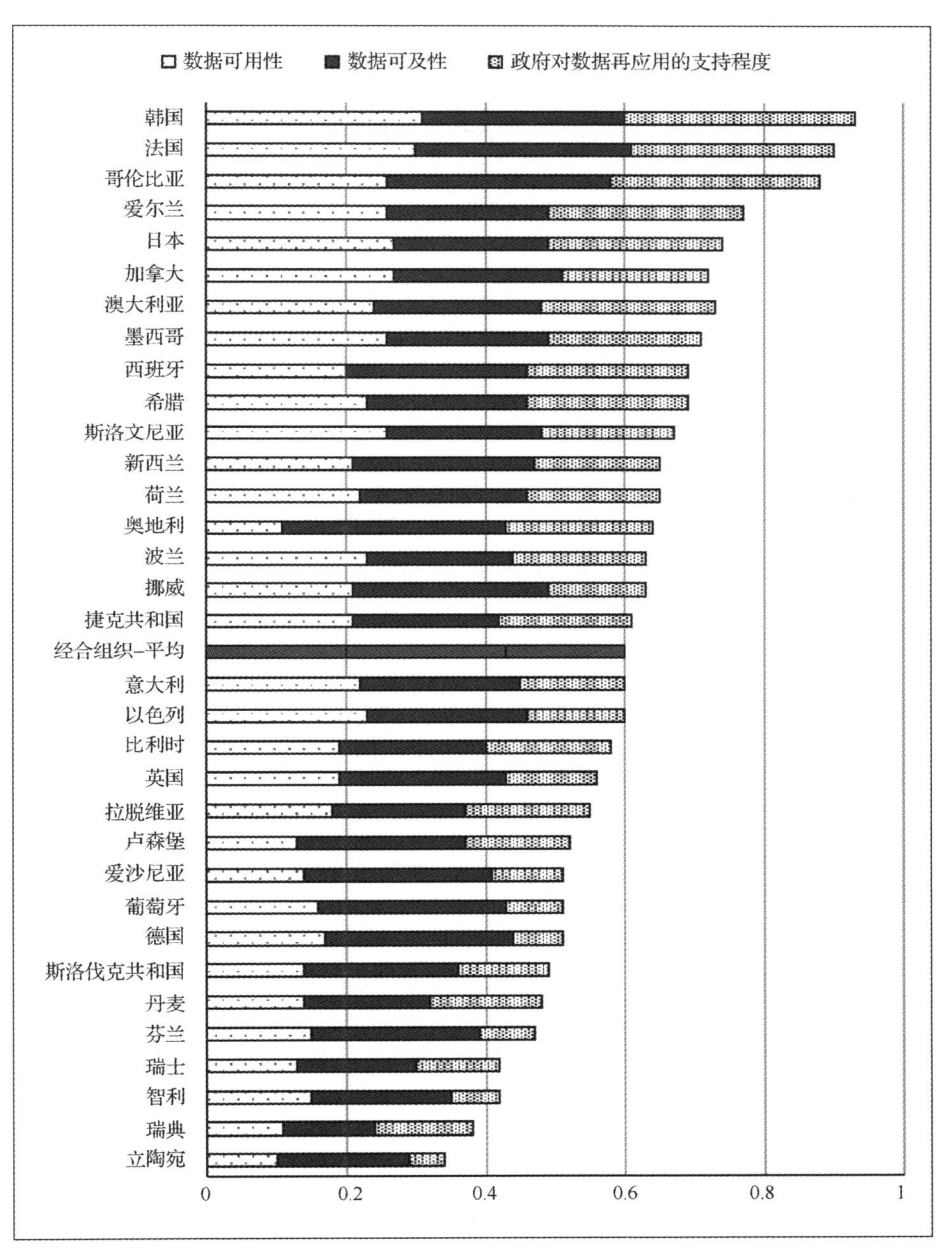

图 4-4　OECD 公开的政府数据指数

各成员国数据开放情况总体较好,数据开放成熟度较高。其中,韩国和法国表现优异,得分超过0.8。这与韩、法两国在数据开放治理框架的改进、政治意愿的提升、数据再应用环境的改善和国家高级别持续推进等方面的工作有关。在早稻田大学发布的《国际数字政府排名评价报告》(IAC International Digital)[1]开放政府指标(Open Government Data,OGD)中,韩国由于在数据开放方面出台了一系列政策并开展了相应的实践创新,同样位居前列。

法国是OECD成员国中较早发布开放数据政策的国家,其中央政府数据开放门户网站(data.gouv.fr)(见图4-5)发展迅速。在数据开放门户网站上,除公共部门发布数据外,用户也可以添加带有虚拟图章的"公共利益"数据集(图4-5中左上角标有"√"符号圆章的数据集),通过政府、社会多方协作的方式极大提升了开放数据量。

图4-5 法国中央政府数据开放门户网站(data.gouv.fr)

---

[1] https://iacio.org/wasada-iac-world-e-government-ranking/

从近年来的发展变化来看，OECD 成员国的 OURdata 指数从 2017 年的 0.54 提升到 2019 年的 0.60，总体数据开放情况得到一定改善[1]。除韩国、法国在这方面持续领先外，澳大利亚、爱尔兰、波兰、捷克和斯洛文尼亚等国家的数据开放情况得到较大改善。而英国、墨西哥等部分国家由于用户参与减少、工作重点转移、管理机构变化等原因数据开放指数得分下降。

### 4.3.4 在线服务水平

当前，对在线服务水平进行评估的报告主要有《联合国电子政务调查报告》和《欧盟电子政务标杆报告》（eGovernment Benchmark Report）。《欧盟电子政务标杆报告》[2]从在线服务的"可及性、移动友好度、可用性"3 个方面考察欧盟 28 个成员国以用户为中心的在线政务服务提供情况。2019 年的评估结果显示，在线服务"可及性"平均得分为 85。排名前 3 的国家是马耳他、葡萄牙和爱沙尼亚，得分均在 98 以上，反映出这些国家的政务服务实现高度电子化。新冠疫情期间，爱沙尼亚实现 99% 的政府服务可在线办理[3]，近七成政务服务可移动办理。

2020 年，联合国在线服务指数（OSI）评估结果显示"非常高"和"高 OSI"组别中，绝大部分为欧洲国家。《欧盟电子政务标杆报告》同样反映了欧洲社会整体高度发达的电子政务服务水平。2013—2018 年欧洲国家在线服务指标的变化情况如图 4-6 所示。总的来看，欧洲在线服务发展平均水平稳步提高，"用户导向-在线可用性"指标由 2013 年的 72%

---

[1] http://www.oecd.org/governance/digital-government/ourdata-index-policy-paper-2020.pdf
[2] https://www.capgemini.com/resources/egovernment-benchmark-2019/
[3] https://e-estonia.com/digital-society-during-covid-19-lock-down/

提升到 2018 年的 85%。"用户导向-移动友好性"指标提升较快，从 2015 年第 1 次评估的 33%上升到 2018 年的 68%。"关键推动-信息准确度"用于评价公共机构预先填写信息的准确程度，该项指标得分最高的是马耳他、爱沙尼亚和立陶宛 3 国，得分均在 88%及以上。

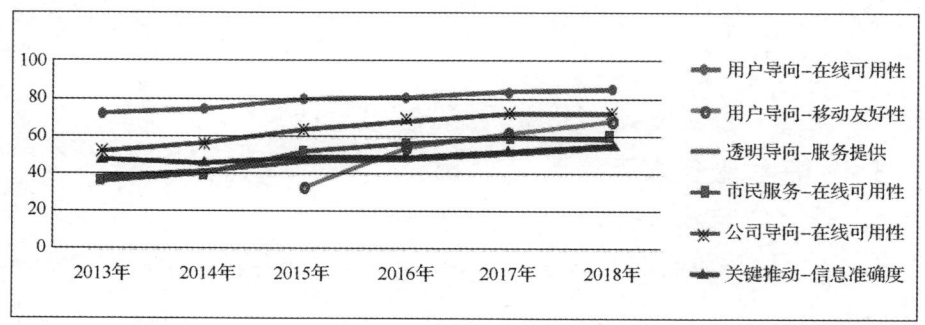

图 4-6　2013—2018 年欧洲国家在线服务指标的变化情况

### 4.3.5　数字素养水平

数字素养水平是保障电子政务应用的重要基础。政务基础设施和在线服务建设体现电子政务的"可用"和"能用"，数字素养水平则反映居民"会用"。与数字素养相关的指标有联合国《电子政务调查报告》中所列的人力资本指数[1]（包括国民识字率、入学率、受教育年限等）；以及IMD《世界数字竞争力排名》中的公民数字知识指标[2]（强调教育、科技、经验、培训等）。2019 年，IMD《世界数字竞争力排名》中的数字知识二级指标排名情况如图 4-7 所示。总体而言，欧美及东亚地区的数字知识水平较高，中国大陆在这方面则位于中等偏上水平。

---

[1] https://m.jicmian.com/article/4673815.html
[2] https://www.imd.org/wcc/world-compctitiveness-ccnter-rankings world-dinital-competitivencess-ranking,2019

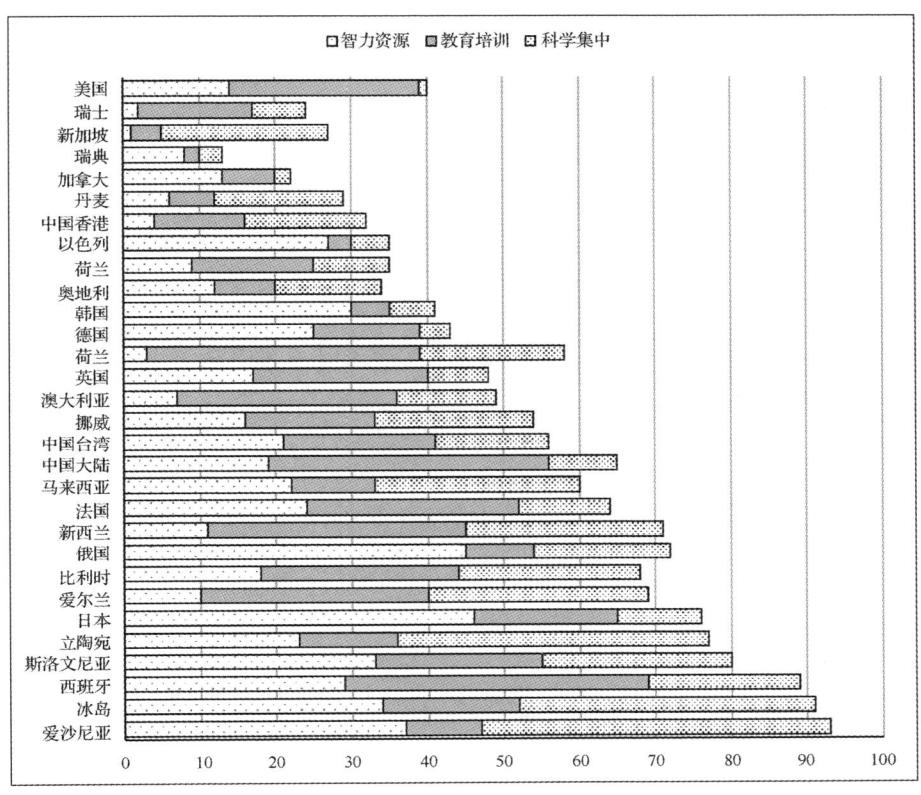

图4-7 2019年IMD《世界数字竞争力排名》中的数字知识二级指标排名情况

从2017—2019年IMD《世界数字竞争力排名》前30的国家和地区的数字知识二级指标排名情况（见图4-8）来看，在排名前10的国家和地区中，美国、瑞士、瑞典、丹麦、奥地利等国稳中有升，而新加坡则由原来的连续3年世界排名第1下降到第3。此外，加拿大、以色列的排名也小幅度下降。与2018年相比，亚洲经济体的排名显著提高，中国香港和韩国进入前10名，中国升至第22位。在人才、培训教育等建设取得积极成果的支撑下，印度和印度尼西亚的排名也分别提升了4个和6个名次。

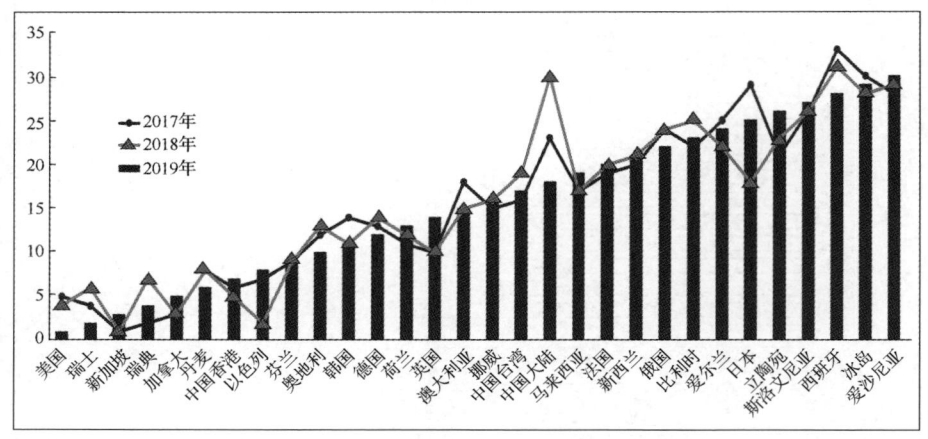

图 4-8 2017—2019 年 IMD 世界数字竞争力排名前 30 的
国家和地区的数字知识二级指标排名情况

上述电子政务报告普遍认为，数字技能有利于实现社会包容，应在公务员群体和公共部门中强化这项技能。孟加拉国近年来一直致力于增强政府官员的数字技能，推动以数据为基础的发展规划、公共服务设计和政策实施，助力孟加拉国在 2024 年脱离最不发达国家行列。2019 年，在联合国经济和社会事务部的支持下，孟加拉国与新加坡国立大学和淡马锡（Temasek）国际基金会合作，为孟加拉国的政府官员提供培训，增强公务员数据收集、使用和处理的能力。哈萨克斯坦政府近年来也通过"数字哈萨克斯坦"战略加强各级政府首席数字官和 IT 专家的能力，培训公务员 ICT 技能，助力政府向数字化转型[1-2]。

---

1 https://publicadministration.un.org/en/UNPSA
2 https://digitalkz.kz/en/about-the-program

## 4.4 年度热点：疫情下的电子政务

2020 年初暴发的新冠肺炎疫情，对世界各国的经济社会生活都产生了巨大影响。国际组织和多国政府使用信息技术控制疫情扩散，开展社会治理，如世界卫生组织（WHO，以下简称世卫组织）、德国、意大利、新加坡等国政府。同时，美国约翰霍普金斯大学在疫情信息统计方面也发挥了重要作用。

### 4.4.1 世界卫生组织在疫情防控中的电子政务应用

世卫组织一直以来十分重视信息技术在公共卫生领域的应用，2019 年 6 月成立了一个由 20 名专家组成的数字卫生技术咨询小组（Digital Health Technical Advisory Group）[1]。在 2020 年全球疫情防控中，这一技术咨询小组提供相关决策参考。世卫组织利用信息技术采取了以下举措：

（1）研发疫情信息咨询机器人，推进防控信息发布与传播。2020 年 3 月 20 日，世卫组织与移动应用程序提供商 WhatsApp 合作，推出了世界卫生组织健康警报（WHO Health Alert）聊天机器人，支持阿拉伯语、英语、法语、印地语、意大利语、西班牙语和葡萄牙语 7 种语言，用户可以通过在 WhatsApp 上打开对话链接，了解有关 COVID-19 的最新信

---

[1] https://www.who.int/health-topics/digital-health/dh-tag-membership

息。2020 年 3 月底，世卫组织宣布与 Rakuten Viber[1]合作推出一款聊天机器人，用户在订阅相关服务后，可直接从世卫组织收到包含最新新闻和信息的通知，还可通过交互式问答来学习和测试 COVID-19 防护知识。2020 年 4 月，世卫组织推出了世界卫生组织健康警报的 Facebook 版本，进一步拓展该项公共卫生服务的供给渠道[2]。

（2）搭建信息化合作平台，推动构建全球抗击疫情合作伙伴关系。2020 年 3 月 16 日，世卫组织启动了 COVID-19 合作伙伴平台（COVID-19 Partners Platform）[3]，成为所有国家、执行伙伴、捐款方和协作方在全球 COVID-19 应对工作中开展协作的工具。这一合作伙伴平台具有实时跟踪功能，支持各个国家开展针对 COVID-19 的防范和应对活动。2020 年 5 月 5 日，世卫组织启动了 COVID-19 供应门户（COVID-19 Supply Portal），用于汇总各国和相关合作伙伴的供应请求，并促进相关合作。目前超过 125 个国家及 50 个捐献主体已经使用了这一平台和门户[4]。

（3）研发应用程序，促进公共卫生知识咨询共享。2020 年 5 月 13 日，世卫组织推出名为"世卫组织学院（WHO Academy）"的应用程序，为世界各地医疗卫生工作者提供支持。该程序为卫生工作者提供了可以在移动设备上访问的相关知识资源，如最新诊断指南。世卫组织还利用已有的 OpenWHO 平台（openwho.org）将指导意见转化为培训课程，目前该平台已有超过 250 万注册用户，提供 22 种语言 10 个不同主题的免

---

[1] Rakuten Viber 是一个免费的短信发送和呼叫应用程序。

[2] https://www.who.int/news-room/feature-stories/detail/who-launches-a-chatbot-powered-facebook-messenger-to-combat-covid-19-misinformation

[3] https://covid-19-response.org/

[4] https://covid-19-response.org/

费培训。此外,世卫组织还推出了一款名为世卫组织信息(WHO Info)[1]的应用程序,方便公众进一步了解世卫组织的最新举措、关于药物和疫苗的最新信息、疫情实时数据。

## 4.4.2 欧洲多国发起"黑客马拉松"赛事,协同抗疫

在欧洲,多国政府通过搭建开放的创新平台,开发解决新冠肺炎疫情下各类需求的创新应用。例如,通过线上渠道与网民和企业共同发起了协同抗疫"黑客马拉松"赛事。目前,已有 8 个国家开展了类似活动,分别是爱沙尼亚的 Hack the Crisis[2]、德国的 WirVsVirus Hackathon[3]、芬兰的 Hack the Crisis[4]、立陶宛的 Hack the Crisis[5]、葡萄牙的 Tech4Covid19[6]、拉脱维亚的 Hack Force[7]、波兰的 Hack the Crisis[8],以及英国的 TechForce19[9-10]。

以爱沙尼亚为例,"黑客马拉松"活动一经发布便取得较大响应,在 48 小时内就有 14 个时区的 1000 多人参与。英国的 Techforce19 竞赛(见

---

[1] https://www.who.int/news-room/detail/13-05-2020-launch-of-the-who-academy-and-the-who-info-mobile-applications

[2] https://garage48.org/hackthecrisis

[3] https://wirvsvirushackathon.org/

[4] https://www.hel.fi/uutiset/fi/kaupunginkanslia/pystytko-sina-pelastamaan-suomen-48-tunnissa-perjantaina-kaynnistyy-ennennakematon-haaste

[5] https://hackthecrisis.lt/

[6] https://tech4covid19.org/

[7] https://www.facebook.com/events/611058086114849/

[8] https://www.workinestonia.com/estonia-created-suve-a-state-approved-automated-chatbot-to-provide-trustworthy-information-during-the-covid-19-situation/

[9] https://techforce19.uk/

[10] https://www.nhsx.nhs.uk/covid-19-response/social-care/

图4-9）主要关注需要心理健康支持和社会关怀的公众，竞赛主题包括提供远程护理、志愿者服务等。这一项目发起后10天内就有超过1600人申请。

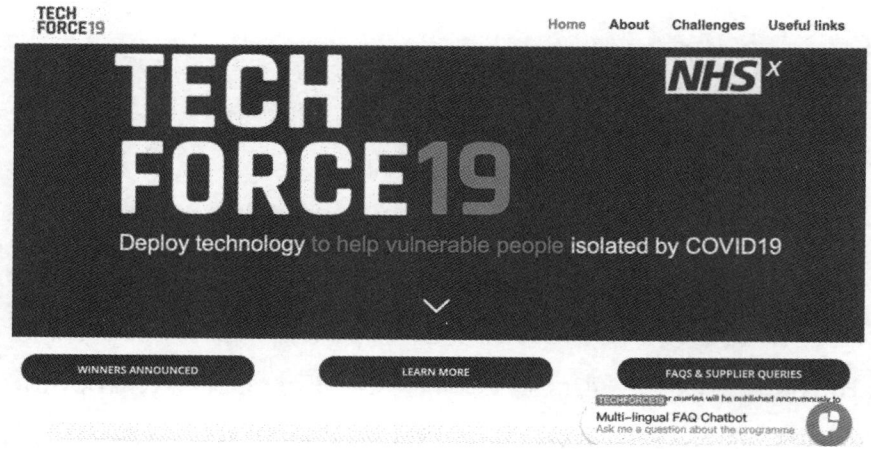

图4-9　英国的TechForce19竞赛平台[1]

同时，包括脸书、微软、微信在内的大型科技企业与世界卫生组织合作，发起了名为"COVID-19 Global Hackathon"的黑客马拉松赛事，开发用于管理COVID-19信息的软件，包括健康、商业、教育、娱乐等[2]主题。

### 4.4.3　德国和意大利平衡个人行程追踪与隐私保护

根据欧盟《通用数据保护条例》（GDPR）的要求，欧盟国家在疫情

---

[1] https://techforce19.uk/

[2] https://xw.qq.com/cmsid/20200423A0DO8R00

防控的过程中普遍强调信息获取、共享过程中的个人隐私保护。为平衡数据抗疫需求和个人隐私保护,欧盟成员国在抗疫产品的设计上主要采用了以下方法:

(1)在匿名状态下发现并通知密切接触者。德国罗伯特·科赫研究所(RKI)牵头开展了一项名为"泛欧隐私保护邻近追踪(Pan-European Privacy-Preserving Proximity Tracing,PEPP-PT)"的项目[1-2],研发了一款通过蓝牙探测技术追踪密切接触者的移动应用程序。用户与他人的日常接触信息会在加密后被储存在手机本地文件上,所存储的信息主要是用户与他人的接触时间和距离,不包括用户的真实身份信息。一旦某位用户被确诊感染新冠病毒,该移动应用程序对其密切接触者发出警报。

(2)提高数据共享颗粒度。欧洲移动通信运营商通过向卫生部门共享汇总后的用户移动数据,以监测人们是否遵守隔离要求。例如,意大利电信集团(Telecom Italia)、沃达丰(Vodafone)和WindTre向当地政府提供汇总后的移动数据,帮助描绘新冠病毒集聚热点区域以及用户总体移动情况[3]。汇总后的粗颗粒度数据为政府提供及时准确的信息并辅助政府决策,但数据不具体到个人,避免了个人隐私数据泄露。法国、西班牙等国均将因防控新冠病毒而收集的用户健康数据限制在公共卫

---

[1] https://www.sohu.com/a/385157208_161795
[2] https://www.pepp-pt.org/
[3] https://www.reuters.com/article/us-health-coronavirus-europe-telecoms/european-mobile-operators-share-data-for-coronavirus-fight-idUSKBN2152C2

生部门使用[1]。

（3）紧急制定隐私保护法规。欧洲多国细化疫情相关信息共享与隐私保护要求。2020年3月9日，意大利政府发布法令授权公共卫生部门和民防部门之间数据共享，以管理紧急情况[2]。意大利还通过紧急立法，要求任何在有疫情传播风险的地区逗留过的人，必须通知卫生部门相关情况[3]。德国在《通用数据保护条例》（GDPR）授权法例中修订特定措辞，授权政府在流行病、自然灾难或人为灾难发生期间处理个人数据。芬兰允许应用个人数据对抗新冠肺炎疫情，并准备立法允许个人数据的应用以防控严重传染病[4]。截至2020年3月，几乎所有欧盟成员国数据保护机构（DPA）都在疫情期间，发布了与数据隐私相关的声明[5]。

## 4.4.4 新加坡开展基于数据的精细化抗疫管理

新冠肺炎疫情暴发早期，新加坡在不要求普通公众戴口罩、不停工、不停课、不封城的情况下，新增确诊病例依然有限，也未出现死亡病例，因此一度被世卫组织等赞为防疫"典范"[6]。尽管后来国际疫情压力陡增，

---

[1] https://tisi.org/13613

[2] 资料来源："隐私"与"公共健康"的决策平衡——疫情下各国个人信息保护的10个共识、差异与挑战，见 https://tisi.org/13613。

[3] http://m.techweb.com.cn/marticle/2020-03-11/2780871.shtml

[4] https://tietosuoja.fi/artikkeli/-/asset_publisher/tietosuoja-ja-koronaviruksen-leviamisen-hillitseminen?_101_INSTANCE_ajcbJYZLUABn_languageId=en_US

[5] http://m.cheaa.com/n_detail/w_570175.html

[6] 资料来源：新加坡"佛系抗疫"底气何在，新华每日电讯，见 http://www.xinhuanet.com/mrdx/2020-03/14/

新加坡在 2020 年 4 月后新增确诊病例数有所上涨，但其抗疫背后的精细化管理、基于数据进行科学决策等做法，在进入后疫情时代仍然具有参考意义。

（1）采取精细化的社会管理模式，精确追踪新冠肺炎感染病例。从 2020 年 1 月 22 日确诊首例新冠肺炎患者开始，新加坡对每个病例的身份、感染途径、活动历史进行详细调查，2020 年 3 月，新加坡政府科技局与卫生部合作，推出了一款名为"TraceTogether"的移动应用程序，通过手机蓝牙信号交互，记录用户在过去 21 天内近距离接触过的人群。通过精准的追踪体系找到所有与确诊病人密切接触过的人群，并对密切接触人群进行监测隔离[1-2]，以遏制疫情传播。

（2）与传统电子政务设施融合，全方位防控新冠肺炎疫情。新加坡政府科技局（GovTech）在 2014 年推出了政府网站智能机器人"Ask Jamie"，之前已在 70 个政府机构网站上线。新冠肺炎疫情期间，新加坡政府丰富了聊天机器人功能以提供与疫情相关的咨询，并对聊天机器人的交互数据进行分析，了解当前最受关注的话题。除政府官网（Gov.sg）和卫生部的网站外，市民还可以通过 Facebook 和 Telegram 与聊天机器人进行交流。

---

c_138876153.htm。

[1] https://www.xinjiapo.news/news/22180

[2] http://paper.people.com.cn/rmlt/html/2020-04/10/content_1981760.htm

### 4.4.5 韩国积极开发疫情期间移动应用程序，提供服务

2020年2月中下旬，韩国新冠肺炎疫情一度非常严重，韩国在应对疫情的过程中除强化检测、治疗、管理能力外，各类移动应用程序也发挥了极大作用，及时为居民提供了有针对性的服务。

在新冠肺炎患者跟踪和隔离方面，韩国开发了"自我诊断"和"自我隔离"两个应用程序。"自我诊断"主要针对入境人员，入境人员必须用手机下载该应用程序，填写个人联系方式并每天上报个人健康信息，以便政府了解入境人员的健康情况。

"自我隔离"应用程序主要用于监测隔离人员的位置。一旦使用者位置超出隔离的要求或用户出现相关症状，使用者和负责监督工作的行政安全部工作人员将同时收到警报[1]，以便实现对隔离人员的远程管理。疫情较为严重的大邱市庆尚北道地区在2020年3月7日率先使用了该应用程序。

韩国政府在远程教育、药店定位、就业办公等方面也组织开发了各类移动应用。"Now and Here"应用程序为用户计算通勤线路周围区域的风险情况，并判断用户路线和之前确诊患者的路线是否有重合。若用户曾在同一时间与确诊患者出现于同一地点，该应用程序将予以提醒和建议。此外，韩国政府还研发专用App，供民众实时查询药店位置和口罩库存量信息，如图4-10所示。

---

[1] https://finance.sina.cn/china/gjcj/2020-04-19/detail-iirczymi7127173.d.html?from=wap

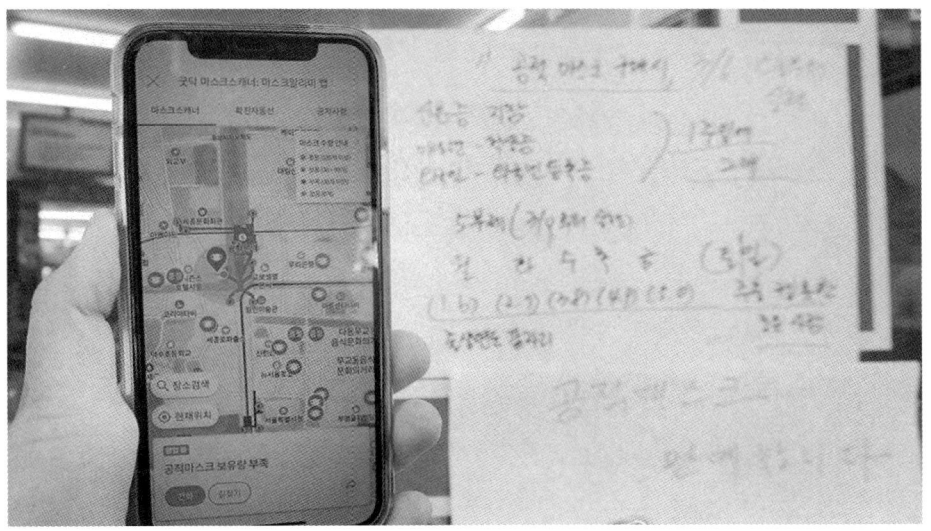

图 4-10 实时查询药店位置和口罩库存量信息的专用 App[1]

---

[1] http://www.rmhb.com.cn/zt/zt2020/20200116_fyyq/202003/t20200320_800197905.html.

# 第5章  世界互联网媒体发展

## 5.1  概述

　　一年来，全球互联网媒体领域发生了一系列具有重要意义的变化。传播技术的演进与国际格局的变化共同影响着全球互联网媒体的发展格局。在受众层面，传统社交媒体的受众迁移和内容模式变化引人关注，引发了全球数字巨头新一轮的产品革新。在内容层面，流媒体平台进一步跨界融合，带来了数字平台的新一轮竞争。在技术层面，数字媒体技术的发展，一方面推动了全球互联网合作的深入，另一方面带来了以社交媒体机器人为代表的计算宣传，引发了全球互联网生态的变化。

　　除此以外，当前互联网领域最主要的挑战来自突如其来的全球新冠肺炎疫情。这场疫情不仅威胁到了人类社会的安全，也对互联网空间产生了深刻的影响。各国科学家和医疗人员利用互联网展开的"赛博空间"全球合作，为控制新冠肺炎疫情提供了更大的可能；各国在互联网空间中的冲突与合作并存，"信息疫情"催生了大量社交媒体假新闻和阴谋论的扩散，甚至在一定程度上影响了国际关系的走向。

　　在全球互联网格局变化的过程中，互联网媒体的定义也在伴随着技术的发展而不断演变，新技术、新业态改变和拓展了互联网媒体的内涵和外延。包括可穿戴设备、传感器媒体、智能家居、物联网和云存储技术的不断发展，在很大程度上拓展了"媒体"这一概念的边界。媒体和人的关系不断加深，"万物皆媒、人机合一"的理念逐渐成为现实。

## 5.2 世界互联网媒体发展格局

近一年来，世界互联网媒体领域呈现多元发展态势。在内容生产领域，新兴数字媒体平台不断涌现，推动了全媒体语境下内容生产的进化；在媒介消费领域，数字出版和网络文学市场份额不断扩大，数字娱乐成为疫情时代网络媒体消费的热点。在传播技术领域，以5G、人工智能和物联网为代表的新一代信息技术进一步拓展其应用场景并寻求商业模式的建立，这些都将对未来的全球互联网媒体发展格局产生重要的影响。

### 5.2.1 数字媒体呈现多元发展态势

#### 1. 主流数字媒体

2019年，全球移动端用户数量突破51亿人，占世界总人口的67%；网络用户数量则突破43亿人，占世界总人口的57%。其中，活跃的社交媒体用户数量达34亿人（见图5-1）。北美地区仍是全球网络普及率（95%）和社交媒体普及率（70%）最高的地区[1]。

---

[1] 数据来源：ICANN 报告 2019，见 https://www.icann.org/en/system/files/files/annual-report-2019-en.pdf。

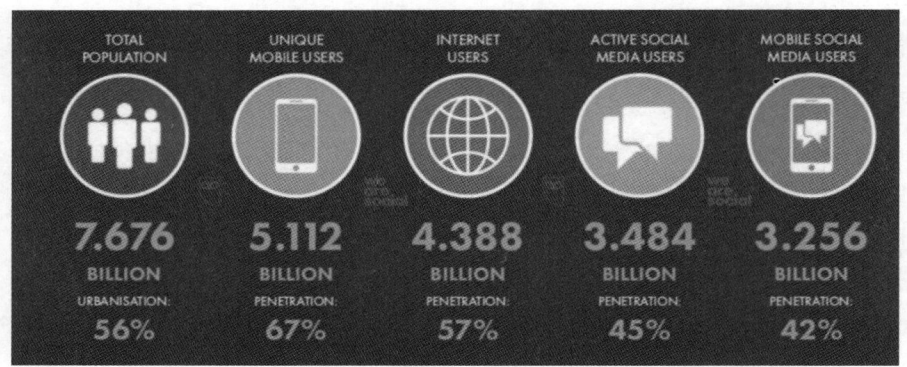

图 5-1　2019 年全球互联网和社交媒体用户规模（单位：10 亿人）

几大传统互联网巨头仍然是数字媒体领域的主导力量。脸书（Facebook）、优兔（YouTube）和瓦茨艾普（WhatsApp）占据了 2019 年全球社交媒体日活跃用户数量的前 3 名（见图 5-2）。中国的互联网平台凭借广阔的市场优势和日益深入的海外战略，同样在全球社交媒体领域扮演着重要的角色。微信（We Chat）、QQ 和新浪微博（Sina Weibo）的日活跃用户数量分别排在全球社交媒体的第 5、7、10 位。推特（Twitter）和领英（LinkedIn）等老牌社交媒体的日活跃用户数量则分别列第 12 位和第 14 位，显示出用户增长乏力的趋势。

从结构上看，2019 年，全球社交媒体格局垂直型、细分化的趋势进一步凸显。TikTok 在 2018 年夏天进入海外市场，仅用一年多时间就成为谷歌商店（Google Play）的第二大 App，安装量达 7.38 亿次，仅次于瓦茨艾普的 8.94 亿次[1]。拼趣（Pinterest）发展势头同样迅猛，成为全球最大的图片类社交分享网站之一。由此可见，深耕细分领域和提升用户体验成为今后社交媒体平台进行"差异化竞争"的关键所在。

---

[1] 数据来源：TikTok 年度下载报告，见 https://www.statista.com/statistics/1089420/tiktok-annual-first-time-installs/。

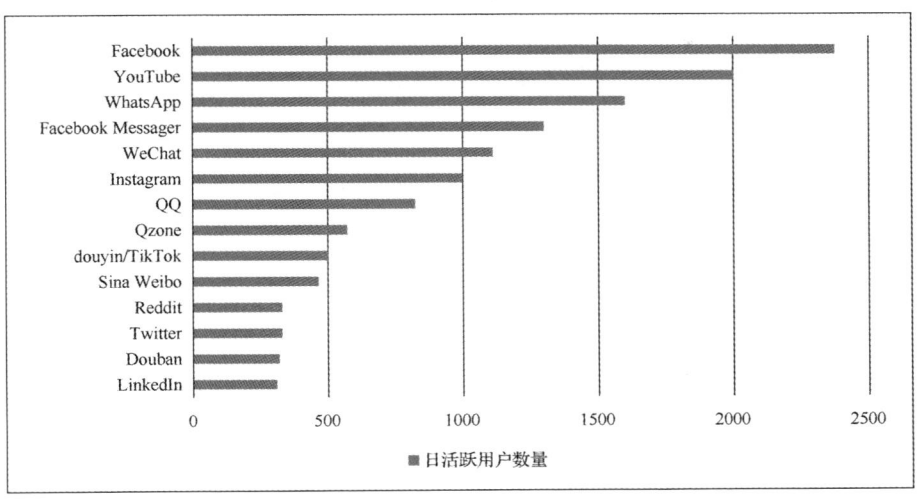

图 5-2　2019 年全球社交媒体日活跃用户数量排行榜（单位：10 亿人）

近年来，在青少年用户中走红的社交平台照片墙（Instagram）的美国用户增长率首次降至个位数，从 2018 年底的 10.1%降至 2019 年底的 6.7%。虽然 25～34 岁这一具有较强消费力的年轻用户增长幅度大于预期，但面对同类产品阅后即焚（Snapchat）的复苏和 TikTok 崛起带来的压力，照片墙的用户规模将难以持续高速增长。为应对这一局面，照片墙更新了"发现"（Instagram Explore）栏目，通过算法对用户进行更为精准的内容投送，同时便于广告商更准确地抵达目标受众。这番调整使其在 2019 年的广告收入实现了两位数的高速增长[1]。

在新闻应用方面，脸书、优兔和推特仍旧是当前全球最具影响力的三大社交媒体新闻平台，领英、红迪网（Reddit）和阅后即焚等社交媒体试图进军新闻业的后起之秀在新闻应用方面的表现则乏善可陈。另外，用户对社交媒体新闻的信任度显著下降，特别是 2016 年美国大选和英国

---

[1] 数据来源：Emarketer 调查报告，见 https://www.emarketer.com/content/instagram-user-growth-in-the-us-will-drop-to-single-digits-for-the-first-time。

脱欧事件以来，社交媒体假新闻使得用户对于社交媒体的信任度急转直下。皮尤的一项调查显示，59%的美国成年人认为脸书的新闻不值得信任，48%的受访者表示他们不信任推特，62%的人担心社交媒体权力过大会导致一系列的社会问题，这将对社交媒体的声誉和持续发展带来严重挑战[1]。

### 2. 流媒体与数字娱乐

在疫情影响下，2020年数字娱乐迎来暴发期。《纽约时报》的调查数据显示，流媒体巨头奈飞（Netflix）的流量在疫情期间增长了16%[2]。因疫情隔离在家导致公众对数字流媒体和游戏等娱乐行业的需求猛增。事实上，各大流媒体数字集团已将目光聚焦在数字电视领域。虽然奈飞在美国和英国等国家的市场份额依旧位居榜首，但2019年奈飞在美国的订阅户数量10年来首次出现下滑。这一方面是受到"葫芦网"（Hulu）和"亚马逊"（Amazon）的挑战，二者的订阅量正在迎头赶上[3]。另一方面，多家行业巨头的入局和积极筹备入局对OTT（全称Over The Top，指服务商跨越有线或数字渠道通过互联网直接向观众提供的流媒体服务）行业造成了一定程度的冲击，其中迪士尼（Disney）和苹果（Apple）的动作非常值得关注。2019年11月，迪士尼上线了备受关注的"合家欢"型流媒体平台Disney+。该平台充分利用了其母公司拥有多个流量大IP的优势，其价格相对于奈飞也更加亲民。Disney+上线仅一个月，就获

---

[1] 数据来源：皮尤调查中心统计数据，见 https://www.journalism.org/2020/01/29/an-oasis-of-bipartisanship-republicans-and-democrats-distrust-social-media-sites-for-political-and-election-news/。

[2] 数据来源：《纽约时报》报道，见 https://www.nytimes.com/interactive/2020/04/07/technology/coronavirus-internet-use.html。

[3] 数据来源：《福布斯》杂志网站新闻报道，见 https://www.forbes.com/sites/danafeldman/2019/08/21/netflix-is-expected-to-lose-us-share-as-rivals-gain/#7b32168d66d6。

得超过 1000 万次的总订阅量[1]。苹果公司在 2019 年 11 月也上线了自己的流媒体平台 Apple TV+，并试图以更为低廉的价格吸引用户。

2019 年，全球游戏业继续保持高增长的态势，手机游戏、在线游戏和下载游戏市场份额列前 3 名。其中，手游用户数量为 13.6 亿人，25～36 岁的用户占 36%。可以预期，未来几年内基于手机终端的游戏将成为整个游戏市场最具竞争力的力量[2]。

在全球手机游戏市场领域，逐渐呈现出中美双头竞争的局面。自 2018 年开始，中国已经成为全球最大的手机游戏市场。2019 年，中国手机游戏市场的总收入仍居全球首位，达到 180 亿美元。与蒸蒸日上的中国游戏市场相比，美国市场总体增长缓慢，同比仅上涨 2%，2019 年美国手机游戏的总收入为 99 亿美元。

全球音乐市场的数字化转型也变得日益不可阻挡。2019 年数字音乐"点播"创下 1.15 万亿次的历史新高，流媒体专辑销量较 2018 年增加 13.5%，其中音频类增长 32%，视频类增长 10.6%[3]。这充分说明音乐产业传播渠道的升级换代已经成为现实。与音乐行业类似，原生于数字化平台的播客也在实现快速发展，互动广告局（IAB）发布的《2019 年播客收入报告》预测，美国播客行业的广告收入将在 2021 年突破 10 亿美元[4]。特别是在疫情期间，播客行业利用民众长期居家隔离或远程办公的

---

[1] 数据来源：融媒体新闻网 the Verge 报道，见 https://www.theverge.com/2019/8/6/20757626/disney-plus-espn-hulu-bundle-price-date-streaming-service。

[2] 数据来源：GoldenCasinoNews，Mobile Gaming Generated 60% of the Global Video Games Revenue in 2019，https://goldencasinonews.com/blog/2019/12/30/mobile-gaming-generated-60-of-the-global-video-games-revenue-in-2019/

[3] 数据来源：The BuzzAngle 2019 年度音乐报告，The BuzzAngle Music 2019 Year-End Report，https://rainnews.com/buzzangle-music-2019-report-the-u-s-generated-more-than-a-trillion-on-demand-streams/

[4] 数据来源：尼曼新闻实验室报告，Nicholas Quah, Can Pushkin Industries bring the podcast and audiobook

习惯获得快速发展，音乐流媒体平台声田（Spotify）对疫情期间的播客流量监控发现，有19%的月活跃用户会选择收听播客节目，这比疫情暴发之前增加了16%。播客还开始与有声书展开合作，美国的新兴播客制作公司Pushkin开始将有声书订阅引入播客栏目，丰富受众收听的内容形态。

### 3. 数字出版与网络文学

数字出版行业在2019年经历了明显的市场分化，数字有声书呈现明显的增长势头。2019年，美国电子书市场整体收入为9.833亿美元，与2018年相比下降了4.2%；但数字有声读物逆势增长，全年总收入达到5.769亿美元，与2018年相比增长了22.1%。2019年，出版业巨头西蒙与舒斯特公司（Simon and Schuster）全球有声书销售额比2018年增长了15%，传统电子书的收入仅增长了1%。另一家出版业巨头哈珀·柯林斯（Harper Collins）公司也面临相似的情况，2019年该公司出版的有声书数量比2018年增长近40%，显示出强劲的增长势头[1]。

逐渐展现出活力的数字出版商开始将目光聚焦内容终端和分发领域，越来越多的出版社开始试图摆脱亚马逊的Kindle等数字巨头对出版平台的垄断。挪威的科技公司Beat与出版业巨头Gyldendall公司和Aschehoug公司共同打造了电子书订阅平台Fabel[2]，俄罗斯最大的社交媒

---

    audiences together?, https://www.niemanlab.org/2020/05/can-pushkin-industries-bring-the-podcast-and-audiobook-audiences-together/

[1] 数据来源：Goodreader 出版统计网站，Michael Kozlowski.（2020）. Ebook revenue fell 4.2% in 2019 and generated $983.3 million, https://goodereader.com/blog/digital-publishing/ebook-revenue-fell-4-2-in-2019-and-generated-983-3-million

[2] 数据来源：出版新闻网站 Publishing perspectives 新闻报道，Anderson.（2019）. A Publisher's Own Platform: Norway's Beat Technologies Heads for Frankfurt Audio，https://publishingperspectives.com/2019/09/at-

体平台 VK 也在与出版社合作打造俄语电子书市场。

在全球数字出版与内容生产领域，中国的网络文学独树一帜，成为中国在全球数字内容市场上较为抢眼的领域。2019 年，中国网络文学已经覆盖"一带一路"沿线 40 多个国家和地区，被翻译成十几种文字。根据艾瑞咨询发布的《2019 年中国网络文学出海研究报告》，40%的海外网文读者愿意接受付费。该报告预测，中国的海外网络文学在东南亚地区、欧洲和美洲的潜在用户数量将超过 8 亿人，将形成由付费阅读、广告和版权运营为主体的、合计超过 300 亿元规模的市场。

## 5.2.2 前沿技术应用场景日益丰富

### 1. 5G 提升传媒业信息形态丰富度

近年来 5G 技术的成熟与普及正在催生出新的媒介形态，推动了人类信息传播生态的改变。5G 的高速传输能力带来了内容生产形态的转型升级。5G 的主要特色在于其超大通道容量和以 GB 为单位的高传输速度，其实际用户体验速率实现了几何级增长。这种技术壁垒的打破将进一步推动移动互联网从文字和图像主导的平台向音视频主导的平台转变。TikTok 在全球市场崛起引发的"鲶鱼效应"，推动脸书和推特等传统社交媒体开始力推自己的短视频内容平台。5G 推动的高速、高清原生视频内容生产领域成为全球社交媒体巨头竞争的新赛道。

5G 技术的逐步落地使得一度遭遇市场寒冬的虚拟/增强现实（VR/AR）产业逐渐回暖。5G 高速率、低延时的特点不仅解决了 VR 视频的传输需

---

frankfurt-audio-2019-frankfurter-buchmesse-norway-beat-technologies

求,同时还在很大程度上提高了视频的清晰度与流畅度,保障了VR/AR高质量的沉浸体验。根据英特尔(Intel)的报告预测,2025年前后将是下一代沉浸式VR/AR应用落地的时间,到2028年,AR游戏预计占5G+AR营收的90%以上[1]。对VR/AR的乐观预期,来源于5G技术近几年在欧美和中国等地的广泛布局。伴随着5G技术的逐步落地,VR/AR场景化、情感化的特质将进一步体现,5G时代的"沉浸传播"将成为一种新常态。

5G技术正在改写游戏市场的形态。"云游戏"(Cloud Gaming)可能会伴随5G技术的发展而进一步普及。"云游戏"是指脱离终端限制,直接在云端服务器运行游戏的一种新形式,特点是免配置、免下载、跨终端。目前亚马逊、索尼(Sony)、微软等公司都已经开始布局"云游戏"领域。市场广阔且商业模式成熟的游戏领域可能成为5G走向商用之后的一个重要应用场景。

### 2. 人工智能推动传媒业全方位"智能升级"

在经历了技术革新和资本进入后,人工智能技术在传媒业开始逐步落地,形成了以声控智媒、智能广告和自动化事实核查为主的三大应用场景。

以智能音箱为代表的"声控智媒"已经成为人工智能发展的一个重要商用方向。截至2019年底,全球智能音箱的销量达到1.47亿台,比2018年增长70%[2]。亚马逊、谷歌、苹果、京东、小米和百度等科技及互联网公司相继推出各自的智能音箱产品,试图抢夺未来智能家居人机交

---

[1] 数据来源:《福布斯》新闻报道,见 https://www.forbes.com/sites/solrogers/2019/01/30/the-arrival-of-5g-will-unlock-the-full-potential-of-vr-and-ar/#6ea5b7157bcc。

[2] 数据来源:商业新闻网站businesswire报道,见 https://www.businesswire.com/news/home/20200213005737/en/Strategy-Analytics-New-Record-Smart-Speakers-Global。

互的入口。随着智能音箱的日渐普及,播客的"风口"潜能将在未来得以充分释放。英国广播公司(BBC)、美国全国公共广播(NPR)和澳大利亚广播公司(ABC)等老牌广播公司也开始投资播客新闻点播服务,以巩固各自的市场份额,积极探索为智能语音设备提供定制化的点播内容。

智能化的媒体生态也影响到广告行业。智能广告越来越多地被互联网企业应用到广告内容投放中,智能广告根据用户的个性化信息和媒介使用环境,以智能广告平台为载体,通过算法的运作,将各类数据和广告素材库进行动态调配,最终能够生成适合用户的广告。2019年以来,智能广告在数字平台上得到日益广泛的运用。声田开始根据用户听歌偏好,定制化地向不同用户推送不同类型的广告内容。利用大数据和人工智能捕捉海量用户信息,并精准定位用户需求投放广告将是未来人工智能数字营销的重要手段。

在新闻业中,人工智能技术不仅被应用于内容生产环节,也开始被大量应用于事实核查。自动化事实核查利用人工智能深度学习的方式,自动检验新闻中的事实要素,从而能够大规模地筛查互联网上的虚假和误导性信息。2019年,加拿大滑铁卢大学的研究人员开发出一种自动化事实核查工具,该工具使用深度学习算法验证在一篇新闻中提出的主张是否得到了同一主题的其他文章的支持。如果文章中的内容没有得到来自主流媒体和权威信源文章的支持,就会被判断为值得怀疑的信息[1]。这种技术的逐渐成熟,能够帮助社交媒体筛查用户制造的虚假信息,有效净化互联网信息环境。

### 3. 物联网增进媒体与现实的融合

当前物联网呈爆炸式发展,物联网的普及对媒体产业产生了明显的

---

[1] Mok.(2020). Deep Learning AI Tool Identifies 'Fake News' with Automated Fact Checking, https://thenewstack.io/deep-learning-ai-tool-identifies-fake-news-with-automated-fact-checking/

推动作用。一方面，物联网能够提供巨量数据，使得物联网终端的拥有者能更快把握用户动态。苹果的 Apple Watch 已经可以检测用户的当前心率数据，并实时记录静息心率、步行心率、呼吸心率等数据，不仅帮助用户实时监测自己的身体状态，也为从宏观数据层面把握某一地区用户群体整体健康状态提供了可能。这种人机共生的物联机制，为物联网设备终端生产者提供了丰富的数据信息，为拓展产业链、革新产业布局决策提供依据。物联网及相关技术拥有者，将对传媒业结构产生新的影响。另一方面，物联网在汽车驾驶、家庭生活、个人健康等领域的落地将推动传播终端更为广泛地分布，智能设备将更多扮演媒介的角色。以特斯拉（Tesla）为代表的汽车企业也在运用物联网技术带来的变革性影响，推动公路中"车联网"体系的建立。根据特斯拉的构想，"车联网"普及之后每一台智能汽车将是一个"媒介"，进而形成一个由汽车和道路组成的数据网，通过庞大的物联网体系进行实时交互，实现智能化交通管理、智能动态信息服务和车辆智能化控制的全方位协调。正如上述案例所呈现的，从互联网到物联网的发展将推动数字化生活渗透每个人生活的方方面面，或对人类社会形态产生重要影响。

## 5.3 疫情中世界互联网媒体冲突与合作并存

在全球应对疫情过程中，互联网媒体扮演了重要角色。基于互联网媒体产生的"信息疫情"造成了与现实疫情同样重大的社会影响，各国在互联网媒体中的斗争、冲突与合作则体现出网络空间日益纷繁复杂的结构。立足于新冠肺炎疫情这一人类历史上的重大事件，可以更加充分地理解全球互联网媒体的当前格局和未来发展趋势。

## 5.3.1 新冠肺炎疫情中的"信息疫情"暴发

在全球应对疫情的过程中,"信息疫情"引发了包括世界卫生组织(WHO)在内的国际组织和世界各国的广泛关注。疫情引发了第一次真正意义上的社交媒体"信息疫情",它正以前所未有的速度在全世界传播误导性信息。如何应对互联网和社交媒体上传播谣言与不实情况的"信息疫情",已经成为各国面临的重要挑战。

在居家隔离期间,多国民众呈现出高度的"媒介依赖"。据 APP Annie 统计,2020 年 1—3 月全球网民使用手机的时间同比 2019 年第一季度上涨了 20%[1]。在一项对美国和英国网民的调查中,有 68%的网民在网络上常做的事就是寻找和查看与新冠肺炎疫情相关的消息,这一行为居隔离期间所有网络使用活动之首[2]。

基于此,英国广播公司(BBC)联合地理信息和数据平台(Gisanddata)开发了"疫情信息汇总地图系统"(COVID-19 Dashboard)。该平台与美国高校展开深度合作,通过约翰斯·霍普金斯大学(Johns Hopkins University)系统科学与工程中心两位中国博士生和其导师提供的技术框架,利用多层地图数据系统提供全球实时疫情可视化功能,并提供利用 AI 机器人实时分析疫情报道的工具包,为全球公众了解新冠肺炎疫情的发展提供数据。

---

[1] 数据来源:App Annie 统计报告,Adithya Venkatraman.(2020). Weekly Time Spent in Apps Grows 20% Year Over Year as People Hunker Down at Home.https://www.appannie.com/en/insights/market-data/weekly-time-spent-in-apps-grows-20-year-over-year-as-people-hunker-down-at-home/

[2] 数据来源:Visualcapitalist 网站统计数据,Katie Jones.(2020). How COVID-19 Has Impacted Media Consumption, by Generation [EB/OL].https://www.visualcapitalist.com/media-consumption-covid-19/

截至 2020 年 6 月底，在推特（Twitter）上已有高达 6 亿多篇带有"#COVID19"或"#coronavirus"主题标签的帖子，话题总互动量超过 1000 亿次，自社交媒体诞生以来，从未有任何一个话题在网络上得到如此高的关注。但是，虚假信息也在这一时期趁机而入，形成了混合着谣言、误导性信息和假新闻的"信息疫情"，并以前所未有的速度在社交媒体上传播。

根据世界卫生组织在报告中的定义，"信息超量"和"真假夹杂"是"信息疫情"在当下所表现出的两个显著的特征。皮尤研究中心的调查发现，71%的美国人认为他们在疫情期间在互联网上接受了过载的信息；43%的美国人认为，接触与疫情相关的信息让他们的心情变得更差；近一半的美国人称，他们难以识别疫情中的真假信息，更有高达 64%的人们称他们曾接触过与疫情相关的虚假信息[1]。

许多极端主义观点也借助与病毒来源有关的阴谋论在互联网上快速传播。据 BBC 和反极端主义智库联合进行的调查发现，许多极右翼团体在脸书（Facebook）上就疫情对移民群体和穆斯林群体展开攻击，还称新冠病毒是精英群体刻意制造和散播的。该调查还集中研究了 34 个极右翼党派脸书主页的情况，发现他们不约而同地发布或转发过和疫情相关的不实信息，包括宣称全球疫情暴发是筹谋多年的人为结果等。同时，这些主页的互动量也十分惊人。例如，在同一时期，世界卫生组织主页总互动量为 620 万次，而这 34 个极右翼群体的脸书主页总互动量则有 8000 万次[2]。

---

[1] 数据来源：皮尤研究中心统计报告，AMY MITCHELL, J. BAXTER OLIPHANT, ELISA SHEARER. About Seven-in-Ten U.S. Adults Say They Need to Take Breaks From COVID-19 News[.https://www.journalism.org/2020/04/29/about-seven-in-ten-u-s-adults-say-they-need-to-take-breaks-from-covid-19-news/,2020-4-29

[2] 数据来源：BBC 新闻报道，Carl Miller. （2020）. Coronavirus: Far-right spreads Covid-19 'infodemic' on Facebook. https://www.bbc.com/news/technology-52490430

此外，疫情期间媒体和学术机构合作建立的非营利性公共信息平台成为了这一时期治理"信息疫情"的模范案例。谷歌、脸书、推特等各大社交平台纷纷拨付大笔预算，与世界卫生组织和美国疾控中心（CDC）等权威机构联手推动信息治理专项行动。脸书和推特都在各自平台的显著位置引入了信息甄别和标记机制，贴文旁边附带"蓝对勾"代表真实可靠的信息，而标记了"小红旗"的贴文则意味着其中含有误导性信息，便于网民进行识别和判断。对于被大量转发的"病毒式迷因"，各大平台加强跟踪与核查，一旦被标识为"误导性信息"便只能浏览而无法分享。

红迪网（Reddit）和瓦茨艾普（WhatsApp）等社交平台还加强了对聊天群组的监控，对散布极端性言论的群组进行"隔离"，停止其更新；对散布大量误导性信息、阴谋论的群组附加"小红旗"的标识，或醒目标注"包含未经证实的、不真实的、不安全信息"的警示语。在中国，腾讯较真平台专门开通了"新冠病毒实时辟谣"窗口，将社交媒体传播的信息标记为"确实如此""尚无定论"和"谣言"3种情况，在每条新闻下方解释其查证过程，帮助用户识别社交媒体信息的真伪。

### 5.3.2 疫情推动全球数字合作进程

在疫情期间，社交媒体和数字平台推动的全球合作，成为危机时刻连接世界各国力量携手抗疫的新亮点。在医疗合作方面，数字平台推动的全球联动促进疫情信息和医疗资源的流通共享，有效帮助抗疫。视频会议服务商Zoom与中国超过1000家医院合作，通过高质量的视频会议实现远程咨询、病人诊断以及提供治疗。

为帮助企业渡过难关，社交媒体和数字平台也在全球范围扩展服务范围并改善和创新服务。诸多主要视频会议服务商为全球企业提供免费服务，微软（Microsoft）旗下办公应用微软团队（Microsoft Teams）从

2020 年 3 月初开始面向全体用户免费，在 5 月初已经有约 7500 万的日活跃用户。中国阿里巴巴旗下的办公应用"钉钉"在 2020 年 4 月初发布其海外版 DingTalk Lite，并向全球用户免费开放，帮助企业远程办公。疫情很大程度上推动了线上办公领域的发展，未来互联网远程办公和线上会议或将成为一种新常态。

在教育领域，视频会议等数字平台对大量学校提供免费服务，帮助减轻疫情对教学的影响。微软与联合国教科文组织和剑桥大学合作，推出线上远程学习应用"学习护照"（Learning Passport），帮助偏远地区、乡村和难民儿童进行远程线上学习[1]；谷歌宣布向 G Suite 用户免费提供高级群聊功能，帮助老师们更好地开展网课；"钉钉"在 2020 年 3 月 1 日发布日语版远程工作指南，帮助日本企业和学校展开线上办公。

除此之外，社交媒体和数字平台也帮助国际组织发挥其功能。世界卫生组织与谷歌合作发布了谷歌 SOS Alert，通过优化算法以确保用户在搜索"新冠"等关键词时首先看到世界卫生组织、美国疾控中心等权威机构发布的信息。世界卫生组织与瓦茨艾普达成合作协议，进行专门的疫情信息推送服务，服务内容涵盖各国疫情最新消息、出行建议以及谣言甄别等。为了确保全球用户能够方便快捷地获取权威资讯，这些网页或链接均以英、汉、阿、俄等多国语言呈现。腾讯的线上会议平台"腾讯会议"则与联合国达成协议，支持联合国的上千场全球会议线上展开。

社交媒体和数字平台的抗疫战线也延伸到了全球网民的文化娱乐生活中，通过大型线上文娱活动使人们能放松身心，更好地应对疫情，同

---

[1] 数据来源：微软新闻中心，Microsoft News Center. UNICEF and Microsoft launch global learning platform to help address COVID-19 education crisis. https://news.microsoft.com/2020/04/19/unicef-and-microsoft-launch-global-learning-platform-to-help-address-covid-19-education-crisis/

时通过义演等活动筹集善款,帮助全球抗疫工作。由世界卫生组织和公益组织"全球公民"合作举办的"One World: Together At Home"(《四海聚一家》战疫特别节目),获得约 2000 万次播放量,并筹集近 1.28 亿美元善款捐赠给医务工作者[1]。

### 5.3.3 新冠肺炎疫情中世界互联网媒体的价值分歧

尽管在面对新冠肺炎疫情这一全人类共同挑战时,世界互联网媒体和机构表现出了积极合作的向好趋势,但由疫情引发的世界性政治、经济和文化不协调也是不容忽视的。各国政府在面对"民族国家"和"世界公民"双重身份时,往往有所取舍。

疫情期间,西方国家在网络空间实施保护主义,并为了声明自身治理策略的合法性,在互联网空间中展开了一系列对抗,引发了大规模的争论。随着网络技术和互联网媒介的发展,网络主权和信息安全等议题逐渐凸显,网络空间的全球治理合法性以及全球舆论倾向对于全球互联网生态具有重要影响。

2020 年 3 月,美国国会两位议员致信推特首席执行官,"强烈敦促"后者将中国官方在推特上开设的账号移除[2]。二人在信中称中国正利用推特在危险的全球危机中进行宣传,应该禁止中国政府官员访问美属社交媒体平台。2019 年 8—9 月,推特曾大规模删除中国 4000 余个涉及香港

---

[1] 数据来源:NGO 组织"全球公民"报告,'One World: Together At Home' Raised Almost $128 Million in Response to the COVID-19 Crisis. https://www.globalcitizen.org/ en/content/one-world-together-at-home-impact/

[2] 数据来源:美国政治新闻网站 the Hill, Maggie Miller.(2020). GOP lawmakers call on Twitter to ban Chinese Communist Party from the platform. https://thehill.com/policy/cybersecurity/488731-republican-lawmakers-call-on-twitter-to-ban-chinese-communist-party-from2020.3.20

问题的账号。从脸书、推特等社交媒体的持续动作和美国议员的相关举措来看，疫情期间基于互联网媒介和社交媒体的意识形态与政治价值边界正在改变。

美国和俄罗斯长期以来一直在互相指责对方利用网络空间威胁本国国家安全。美国指控俄罗斯在 2016 年美国大选期间利用社交媒体打响"网络战"，影响了最终的选举结果，俄罗斯互联网研究所也一直被美国认为俄罗斯主导网络战和互联网攻击的主要机构。美国民主党官员在 2020 年大选前夕，特别提到了需要警惕俄罗斯利用互联网再次干预美国大选[1]。在疫情期间，印度和美国等国政府还以"危害国家安全"为由要求字节跳动公司出售 TikTok 在该国的业务，印度甚至直接封禁了部分 TikTok 用户的使用权限。由此可见，虽然全球互联网领域的合作共赢是大势所趋，但是互联网保护主义在疫情之中的悄然抬头也是值得关注的现象。

## 5.4　世界互联网媒体热点议题

近一年以来，围绕互联网发展形成了一系列值得关注的热门议题。以社交媒体机器人为代表的计算式宣传在互联网空间蔓延，对世界互联网生态产生较大的影响；媒体平台化趋势进一步发展，数字货币和大数据应用使得数字平台对现实社会的影响日益深入；在世界互联网合作中，金砖国家和"一带一路"沿线国家的互联网合作更加密切；移动社交的

---

[1] 数据来源：《纽约时报》报道，U.S. Escalates Online Attacks on Russia's Power Grid, https://www.nytimes.com/2019/06/15/us/politics/trump-cyber-russia-grid.html

发展则推动了由媒介使用场景决定的"新闻时刻"理念的出现。通过对这些热点议题的梳理分析，可以看出，未来世界互联网在内容、平台、生态和国际合作领域的新趋势。

## 5.4.1 计算式宣传影响世界互联网生态

计算式宣传指利用互联网尤其是利用社交媒体平台，对受体进行定向数据收集、分析和评估，在这基础上，通过智能机器人等软件程序模仿人类进行信息传播与在线互动，以影响与型塑舆论的宣传手段。计算式宣传主要的任务是操纵民意，是那些希望利用信息技术进行社会控制的人采用的最新、最普遍的技术策略之一。研究显示，计算式宣传已经被许多西方国家广泛运用于政治和商业活动中。虚假账户则是"网军"常用的计算式宣传手段，据统计，有超过 80%的计算式宣传行为是利用真人账户（"水军"）或机器人账户进行计算式宣传，散播的内容主要包括针对特定政党和政客的正面或负面信息、对一些特定用户的骚扰性信息和人身攻击等[1]。

计算式宣传已经开始威胁到各国政治选举的公正性和有效性。牛津大学互联网研究所领导的研究小组发现，在美国、俄罗斯、乌克兰等国家的选举和政治危机期间，社交媒体上都存在着利用社交媒体机器人进行计算式宣传的痕迹，这说明计算式宣传已经广泛地影响到了各国的政治活动。对于计算式宣传对世界互联网传播的影响，需要提高重视，进

---

[1] Samantha Bradshaw （2019）.Philip N. Howard. The Global Disinformation Order 2019 Global Inventory of Organised Social Media Manipulation. https://comprop.oii.ox.ac.uk/wp-content/uploads/sites/93/2019/09/CyberTroop-Report19.pdf

一步加强观察和分析。

更为重要的是,计算式宣传的影响日益扩散到国际传播和公共外交等领域。研究表明,在推特平台上以中国相关的标签发推量前 100 的账户内容中,没有一条内容在情感上是"亲华"的,"反华"内容则超过了一半[1]。无独有偶,2019 年 12 月,中国环球电视网(CGTN)在其拥有 101 万订阅用户的优兔账号中上传了《中国新疆:反恐前沿》的视频,但观看量与其订阅量严重不符,明显遭遇了该平台的有意限流。

### 5.4.2 数字媒体全能化发展趋势明显

互联网时代,媒体融合发展呈现出全能化趋势,出现了全能型媒体。全能型媒体被认为数字媒体的未来形态。包括谷歌、腾讯、亚马逊和脸书在内的社交媒体,一开始都是以特定目标和运营领域(购物、社交网络、网络搜索等)为基础的,但伴随着平台规模的扩张和业务的拓展,这些社交媒体已经逐渐成为世界互联网领域至关重要的基础设施和信息、服务流通的关键节点。它们对现实社会的影响与日俱增,一些全能型媒体正在形成超越民族国家的力量。

有观点认为,脸书的影响力已经超越了很多国家,它在信息、服务和社会组织层面的能力,以及经济规模、人口数量和参与公共治理的深度都可以与很多国家的政府相媲美[2]。2019 年 6 月,脸书正式发布了数字

---

[1] Bolsover, G., & Howard, P. (2018). Chinese computational propaganda: automation, algorithms and the manipulation of information about Chinese politics on Twitter and Weibo. Information, Communication & Society, 1-18.

[2] 徐偲骕,姚建华. 脸书是一个国家吗?——"Facebookistan"与社交媒体的国家化想象. 新闻记者, 2018 (11):15-25.

加密货币项目"天秤币"白皮书。脸书聚焦数字货币,使自己向成为一个"虚拟"的类国家共同体目标又迈进了一步。"天秤币"是脸书推动平台发展的重要环节,在从社交媒体向全能型媒体转变之后,脸书寄希望于"天秤币"这样的金融工具,更进一步加深对现实社会的影响。这说明全能型媒体对现实生活的逐步渗透会进一步推动媒体平台内部各种应用、功能、服务、信息的聚合,并与政府、跨国企业和金融机构进行合作,从而打造覆盖整个社会的平台媒体。

在中国,微信和支付宝也在很大程度上从社交媒体和支付工具向着全能型媒体的方向转变,其社会服务功能已经触及公共治理的层面。特别是在疫情期间,微信和支付宝相继与国务院办公厅和国家信息中心合作,推出了各自的"健康码"。用户通过登记获取"健康码",实现了疫情信息的全面监控和实时追踪。微信和支付宝日益深刻地融入日常社会中,对于社会结构的数字化和公共治理的网络化都具有重要的现实意义。

## 5.4.3 跨国互联网合作日益深入

在互联网日益成为当前国际社会重要基础设施的背景下,世界各国之间基于互联网的合作日益深入。2019 年 10 月巴西和中国率先提出,金砖国家应联合创办一个流媒体视频平台,为电影及流媒体视频产业争取更大的发展空间,突破奈飞等流媒体平台的全球垄断。这是第一个有关建立保障全球数字文化多元化机制的倡议[1]。

在"一带一路"倡议合作框架下,各国在互联网与数字媒体领域的

---

[1] 数据来源:塔斯社新闻报道,Tass, BRICS challenges Netflix: Five-nation club seeks alternative to US film-streaming giant, https://tass.com/economy/1084916.

合作也不断深入。由新华社与波兰通讯社、意大利克拉斯集团、俄罗斯国际文传电讯社、阿塞拜疆通讯社等32家机构共同成立的"一带一路"经济信息网络于2019年6月成立，该平台用于成员机构间的信息交换。成员机构可以实时、免费、共享"一带一路"相关的投资、贸易、产业、项目、企业等动态信息，从而推动数字"一带一路"的深入合作。此外，"一带一路"信息港、电子世界贸易平台（eWTP）杭州试验区等基于"一带一路"框架的互联网合作也在不断推进。

基于5G等下一代通信技术的"一带一路"跨国合作同样有显著发展，许多欧洲国家都计划与华为等中国5G服务提供商签署合作协议，并力图以此为契机加入"一带一路"的区域数字互联网合作中。这将把以互联网和数字媒体技术为核心的全球合作推向新的阶段。

同时，发达国家和发展中国家的"南北合作"也有进展。巴西的优选数字网（Digital Premium）和美国谷歌公司联合推出的《优选数字报刊》（*Digital Premium Jornais*）采用了内容"展销"式协作。该公司联合了巴西18家新闻传媒行业的龙头企业，建立了技术驱动的内容展销平台，汇总了巴西各地的优质新闻传媒资源和广告资源，并通过谷歌的网络平台（如Google AdExchange等）宣发。这样的强强联合使得这一平台成为巴西本地新闻业最可靠的信源之一，其内容覆盖了该国的7个州，日均访问量达700万次，客户端用户超过500万人，已然成为巴西"国民级"的新闻媒体资源获取平台。这一协作模式成功将新闻资源利用率最大化，也推动了世界互联网社区新闻资源的全球化再分配[1]。

---

[1] 史安斌, 戴润韬. 智媒时代重振地方新闻: 路径与模式. 青年记者，2020（04）.

## 5.4.4 互联网媒体内容分发走向精细化

互联网的广泛普及和受众日益数字化的媒介使用习惯深刻改变了新闻生产和分发方式，它意味着信息生产也具有"生物钟"，需要依据用户在一天内不同时间段的信息获取需求进行生产和传播，使得新闻分发开始遵循"新闻时刻"的概念[1]。

路透新闻研究院在《2019年数字新闻报告》中提出，以年轻受众为代表的数字新闻消费者在一天当中会在不同的场景下呈现出不同的新闻需求，该报告将其概括为4个关键的"新闻时刻"：

（1）聚焦时刻。一般在晚上或者周末，用户能够全神贯注地关注信息。

（2）更新时刻。一般在每天早晨，用户需要快速有效获得关键信息。

（3）闲暇时刻。用户会在做其他事的时候顺便关注信息。

（4）拦截时刻。用户接到推送的信息后中断手头的工作进行浏览。

由于新闻的消费和使用日益碎片化，并与受众所处的场景密切相关，传统媒体和新兴的新闻聚合平台都开始将"新闻时刻"的概念纳入自己的新闻生产和分发过程中。从2019年起，英国广播公司在自己社交媒体的新闻推送中开始逐步引入"新闻时刻"的概念，新闻编辑室在设计推送内容的时候，会充分针对一天内的不同时间和用户所处的不同应用场景，分别向用户推送不同主题、不同类型的新闻内容，从而推动内容与

---

[1] 数据来源：尼曼新闻实验室报告，Marshall, S. The year to learn about news moments. https://www.niemanlab.org/2020/01/the-year-to-learn-about-news-moments/

受众的使用场景相匹配。内容的生产形式和分发时间如果能够和受众在特定时刻的需求相匹配，就能够获得更好的传播效果。

因此，网络媒体需要避免以同质化内容不分时段地推送新闻，"轰炸"用户，应当转而审慎地思考如何将不同类型的信息整合为一个"故事包"，分别在不同的"新闻时刻"和平台进行精准推送。当前，互联网新闻推送对受众新闻获取方式的影响日益增大，在全息媒体不断发展的背景下，互联网媒体在全产业链生产的过程中正在走向成熟和精细化。"新闻时刻"所代表的分发形式更加贴近受众的心理需求和应用场景，在移动社交媒体快速发展的当下具有重要的启发意义。

# 第 6 章　世界网络安全发展

## 6.1　概述

当前，大数据、云计算、人工智能、5G、物联网等新技术新应用催生了新的数字经济形态，数据化、平台化、智能化、生态化从多个层面重塑了社会形态，网络空间逐渐成为大国博弈的主战场，2020年的新冠肺炎疫情更是给世界网络空间安全带来重大影响，世界网络安全形势发展进入新阶段。

世界网络空间安全态势依然严峻，APT攻击已成为破坏网络空间战略稳定的最大威胁之一；数据泄露事件依然高发，开源软件漏洞威胁日益严重，黑客更加注重利用网络安全漏洞实施网络攻击；企业业务不断云化，使得云计算安全风险加剧。受疫情影响，当前线上业务和医疗服务受网络攻击严重。

各国政府加快制定和完善网络安全战略政策，不断提升网络安全保障能力，数据安全和新技术领域成为各国的关注重点。特别是疫情暴发以来，针对个人隐私的保护力度也明显加大。世界网络安全产业规模稳步增长，北美地区、西欧地区、亚太地区依然维持三足鼎立态势，市场需求规模不断扩大，服务市场发展形势向好。

各国把网络安全人才培养作为提升国家网络安全综合能力的战略手段并取得一定进展，但网络安全人才缺口依然巨大，人才短缺将是当前和未来相当一段时期内网络安全工作面临的一大挑战。

## 6.2 世界网络空间安全形势发展进入新阶段

在网络空间快速演进和大国竞争博弈不断加剧的背景下，加上全球疫情蔓延，给网络空间安全带来诸多新变化。从整体来看，2020年世界网络安全形势依旧异常严峻。

### 6.2.1 网络空间演进给网络安全带来新变化

**1. 网络空间技术演进使网络空间威胁更加严峻**

随着人工智能、大数据、区块链等新技术新业务的快速发展，网络空间发展不断呈现数字化、网络化、智能化态势，同时加大了网络安全防护压力。一方面，新技术新业务自身技术体系和业务管理还不成熟，存在安全漏洞等风险隐患。特别是近年来，人工智能和区块链等新技术漏洞被大量利用。另一方面，新技术新业务给网络安全防护工作带来新的难题，不仅加剧了数据过度采集、个人隐私数据泄露，深度伪造、算法推荐等技术的滥用更可能对国家安全造成重大危害。同时，网络空间的赋能效应也给网络安全带来更加复杂的挑战。

### 2. 网络空间外延效应使网络安全内涵更加广泛

目前,我们正处于从信息化社会向智能化社会的转折点,天基互联网、物联网、云计算、人工智能、生命科学等新技术新业务创新所带来的物理空间、网络空间和生物空间三者的高度融合,可能对人类社会产生颠覆性影响。网络安全防护对象由传统的计算机、服务器拓展至云平台、大数据和各种终端设备,网络安全边界不断外延,网络安全保护范畴不断扩大。网络漏洞的广泛分布使得实施有效保护的成本更高、压力更大。攻击目标的广泛性和保护的非全面性为攻击者提供了大量的攻击机会。此外,网络的匿名性带来的"敌暗我明"增加了主动防御的难度。

## 6.2.2 大国竞合博弈给网络安全带来新挑战

### 1. 网络安全日益成为大国竞争博弈的重要工具

网络空间的对抗是人类智力对抗在虚拟空间的延伸,网络空间的大国关系成为现实空间大国博弈的映射和延伸,网络安全争端有可能升级为现实世界的冲突。网络安全已不仅仅体现在技术范畴,而是逐步成为国家间对抗以及遏制其战略竞争对手的重要工具。部分国家在网络空间奉行所谓"先发制人、积极主动"的战略,将网络战与传统军事打击相结合,还借以维护网络安全的幌子,对他国实施供应链断供、技术封锁等,阻断正常自由贸易,不惜动用国家力量打压他国企业,使得网络安全成为全球自由贸易的新壁垒。还有极少数国家不顾多年来在全球化大背景下形成的国际产业分工格局,以所谓的国家安全为由,极力推动产业链回流本国,推动所谓的"脱钩",加剧了网络空间的碎片化、军备化以及对抗对立趋势。

**2. 维护网络空间和平安全与稳定的国际机制严重缺乏**

随着新兴国家在网络空间的不断崛起，其对网络安全国际规则制定的参与度递增。当前，网络安全国际规则的制定进展无法满足新兴国家维护自身利益的需求，也不能适应网络安全的新形势。在现实政治空间，国际安全体系、经济体系、政治体系、传播体系以及科技体系等战后建立的国际制度体系正面临深刻的转型，包括各国政府、行业组织、企业在内的国际社会并未对秩序转型的方向、影响达成共识，如何应对国际体系的战略不稳定以及建立适应信息时代的网络空间战略稳定成为新的挑战。

### 6.2.3 疫情给网络安全增添新变数

线上服务陡增加剧了网络安全威胁态势。疫情使得人们在物理空间的活动减少，在网络空间的交流互动增强，客观上加速了传统线下业务向线上转变的进程，促使云办公、云医疗、云教育等新业态新模式快速发展，但云端业务相关网络安全防护措施并未及时跟进和完善。远程在线服务管理机制和远程环境下的网络安全防御体系均较为薄弱，给网络黑客以可乘之机。

围绕疫情的恶意攻击行为严重削弱网络空间国家战略互信。在疫情肆虐全球的紧张局势下，世界各国本应加强合作，共同抗疫，但部分国家却围绕疫情挑起事端，将疫情问题政治化，把它当成打压对手的政治博弈工具，甚至肆意造谣和抹黑他国，无端指责他国存在以窃取疫苗研究成果、捏造病毒起源谣言等为目的的网络攻击，进一步削弱了国家间的相互信任。

### 1. 疫情冲击全球产业格局，影响网络安全

疫情冲击了当前世界网络安全稳定，使得网络保护主义倾向更加明显，多国纷纷出台各类旨在加强保护本国组织免受网络威胁的政策[1]。网络安全保护主义加剧了网络空间的博弈。疫情也使得各国对传统分工的全球产业链体系的安全性进行深刻反思，加速了全球产业链本地化、区域化趋势，也带来网络与信息技术贸易壁垒、地缘政治紧张和国际合作中不确定性增加等影响。如何构建安全和更有韧性的网络信息技术产品供应链、产业链成为疫情后世界各国信息化发展面临的挑战。

### 2. 疫情下网络空间国际交流合作受阻

面对疫情防控压力和跨境人员流动受限等影响，网络安全领域的诸多国际交流活动不得不延期甚至被取消。疫情在客观上导致网络空间安全治理进程暂停，网络安全国际合作受到很大影响。当前，正处于网络空间建章立制的关键期，安全治理机制的缺失影响了各国打击网络犯罪，影响到保护网络空间安全的实效性。

## 6.3 世界网络安全威胁呈现新特点

受地缘政治和疫情等因素影响，2020年世界网络安全威胁态势也呈现出以下新特点：APT攻击行为的地缘政治色彩更加浓厚，供应链安全

---

[1] SANS 发布的《网络保护主义：全球政策对网络安全产生不利影响》，见 https://www.sans.org/reading-room/whitepapers/riskmanagement/paper/39115。

面临巨大挑战,疫情期间网络钓鱼异常活跃,医疗行业成为遭受攻击威胁最严重的领域,在云端业务快速发展的背景下网络安全机遇和挑战并重。

### 6.3.1 网络安全攻击威胁态势

#### 1. APT 攻击

APT 攻击与地缘政治角力同频。近年来,具有国家背景的 APT 攻击已成为网络空间最严重的安全威胁。APT 攻击的组织及行动方式不断变化,但隐藏在 APT 攻击迷雾背后的,是国家间网络力量的博弈与较量。地缘政治上不可调和的矛盾几乎是国家级 APT 攻击的起点。地域政治局势越紧张、区域安全形势越复杂的地区,APT 攻击也最为严重、频繁且复杂。

瞄准工控系统的 APT 攻击危害巨大。自 2019 年以来,APT 攻击从以前的政治、军事、外交目标转向工控系统和关键基础设施领域,攻击效果与造成的损失难以统计与估量。相比于纯政治、军事、外交目标,对电力等工控系统和关键信息基础设施的网络攻击,因系统间的相互联通和连锁的故障反应,更易引发全民、全社会范围的"雪崩效应"。

#### 2. 恶意软件

面向 Web 的恶意软件增长明显。卡巴斯基公司的统计结果显示,其 Web 防病毒平台在 2019 年发现了 2461 万款恶意软件,相比 2018 年增长了 14%,约 20%的互联网用户受到过这些恶意软件的攻击[1]。而且,2019

---

[1] 数据来源:卡巴斯基官网,https://go.kaspersky.com/rs/802-IJN-240/images/KSB_2019_Statistics_EN.pdf。

年通过黑客工具进行恶意软件攻击成为流行趋势,这类攻击增长了224%[1]。

面向企业的恶意软件增多。根据 Malware Bytes 的统计,恶意软件针对个人消费者的攻击下降了 2%,但针对企业的攻击却上升了 13%。根据卡巴斯基公司发布的《2019 年 IT 安全经济学》调查报告,2019 年约有一半的企业设备遭受了恶意软件感染,一半企业还发现员工设备上感染了恶意软件。攻击手段更加高明,而且攻击对象也开始向能够获取更大利益的目标转移。

### 3. 数据泄露

数据泄露事件呈现高发态势。2020 年 5 月,根据 Verizon 公司发布的 2020 年数据泄露调查报告(DBIR),来自 81 个国家的 81 个组织参与调研 157525 起安全事件,其中 32002 起事件符合其研究标准,确认为真正的数据泄露事件的为 3950 起。81%的泄露事件是在几天或更短的时间内发现的,43%的泄露事件涉及 Web 应用程序,58%受害者的个人数据遭到泄露。

网络犯罪变得更加复杂和更具针对性。奇安信在 2019 年 12 月发布的《数据泄露典型判例分析报告》指出,当前数据泄露途径呈现出多元化和隐蔽性特点,数据实战监控面临挑战。数据泄露风险主要来自内部人员,占比高达 80%,而牟利是造成数据泄露的主要动机。用户数据是数据泄露的重灾区,占数据泄露的 35%,其次是商业机密数据和客户数据。在造成数据泄露的外部人员中 90%是黑客,黑客利用漏洞获取高权

---

[1] malwarebytes, https://resources.malwarebytes.com/files/2020/02/2020_State-of-Malware-Report.pdf

限的账户直接对数据库进行操作,从而达到数据窃取的目的[1]。该报告同时指出,牟利永远是数据窃取的最强原动力。

### 4. 勒索软件攻击

勒索软件仍是近一年中损失高、威胁大的网络安全威胁。卡巴斯基公司发布的《2019 年 IT 安全经济学》调查报告指出,2019 年大约有 40%的企业经历了勒索软件攻击事件。大企业在每起勒索软件攻击事件中的平均损失为 146 万美元。迫于勒索病毒的危害,2019 年 10 月 9 日,欧洲刑警组织与国际刑警组织发布的《2019 互联网有组织犯罪威胁评估》指出,勒索软件仍是网络安全最大威胁。

勒索软件攻击技术更新增大了检测和抵御难度。勒索软件攻击者通过主动攻击来提高成功率,将网络攻击者的创造力与自动化工具融合在一起,从而产生最大的影响。具有国家背景的 APT 组织以勒索为幌子进行情报收集和破坏活动,勒索病毒在感染目标中不断搜寻敏感信息,对感染数据多次加密,甚至对文件进行无法修复的破坏,以勒索病毒作掩护,毁坏数据,消除入侵痕迹,掩盖真实的攻击意图。所谓的"手动投毒"也在变多,这种方式不仅可以精准定位目标,还有利于攻击者对被感染网络进行分析,以确定网络中最关键的系统,并获取感染这些系统的密码,随后才释放勒索软件,从而最大限度地造成损害。

### 5. DDoS 攻击

DDoS 攻击呈现大带宽、高吞吐率等特点。卡巴斯基公司发布的《IT 安全经济学》调查报告表明,2020 年一季度,大容量攻击的数量不断增

---

[1] 数据来源:《数据泄露典型判例分析报告》,2019 年 12 月,见 https://www.qianxin.com/threat/reportdetail/37?type=report_apt_list。

加，其中 50Gb/s 以上的攻击数量达到了 51 种。攻击的平均带宽也有所增加，从 2019 年第一季度的 4.3Gb/s 上升到了 5.0Gb/s。网络安全公司 Imperva 发布的《全球 DDoS 威胁态势报告》指出，2019 年，网络层 DDoS 攻击创下了每秒 5.8 亿个请求包的纪录，同年 4 月的应用层 DDoS 攻击持续长达 13 天之久，峰值吞吐率达到了 292000 个请求/秒。

DDoS 攻击效率不断提升。2019 年 9 月，Akamai 报告了一个新的 DDoS 向量——Web 服务动态发现（WSD），这是一种用于本地网络定位服务的多播发现协议。借助 WSD，网络攻击者可以大规模定位和破坏配置错误的联网设备，从而扩大 DDoS 攻击的范围。卡巴斯基公司有关专家认为，由于 5G 的兴起和物联网设备数量的增加，供水、电网、军事设施和金融机构等关键基础设施的传统边界将进一步扩展到 5G 世界中的其他前所未有的领域。所有这些都需要新的安全标准，而连接速度的提高将为 DDoS 攻击创造极为有利的条件。

### 6. 网络钓鱼

网络钓鱼集成工具泛滥。Akamai 公司发布的 SOTI 报告指出，网络钓鱼集成工具开发商对外出售"网络钓鱼服务软件"。一些开发商拥有店面，并在社交媒体上进行宣传，集成工具售价 99 美元起，并根据所选的邮件攻击服务而上涨。所有集成工具均具有安全性和逃避功能。网络钓鱼集成工具开发商将提供更精细的产品，进一步提高发起网络钓鱼活动所需的功能。网络攻击者可通过减少或隐藏网络钓鱼的常见迹象来提高其网络钓鱼活动的质量。如果网络攻击者使用泄露的内部账户或第三方账户等欺诈方式，发送看起来合法的网络钓鱼尝试，可能会造成更多的企业电子邮件泄露。

疫情期间网络钓鱼活动异常活跃。网络安全公司 Barracuda 发表全新的《威胁焦点报告》，指出与新冠病毒相关的电子邮件攻击持续上升，2020年 3 月 1—23 日期间，Barracuda 共侦测到 467825 次电子邮件攻击，其中 9116 次与新冠病毒有关，占总攻击量的 2%。安全公司 Zscaler 发现，越来越多的黑客通过承诺提供能"免受 COVID-19 病毒侵害"的信息或保护来引诱受害者，有近 2 万起网络钓鱼攻击事件。这些攻击在将用户引导到欺诈性网站，并试图诱骗用户输入敏感信息。截至 2020 年 3 月 23 日，以新冠病毒为主题的网络钓鱼攻击大致分为 3 类，分别是诈骗（54%）、品牌伪冒（34%）及电子邮件勒索（11%）。

### 7. 利用漏洞攻击

应用程序漏洞情况不容乐观。根据网络安全公司 Veracode 发布的软件安全状态第 10 卷调查报告，在该公司测试的 85000 个应用程序中，83%的应用程序至少有一个安全漏洞。很多应用程序存在更多的漏洞，上述测试发现这些应用程序中共有 1000 万个漏洞，20%的应用程序至少有一个很严重的漏洞。这就给网络攻击者留下了许多包括"零日"漏洞在内的潜在可利用的漏洞。

开源软件的安全问题异常严重。2020 年 3 月，安全和许可证合规性管理解决方案提供商 WhiteSource 发布了《2019 年开源组件安全漏洞现状报告》，其中数据显示，2019 年公开的开源软件漏洞数量激增至 6100多个，比 2018 年增长近 50%，开源软件漏洞数量的上升可以归因于开源组件的广泛采用。软件和芯片设计公司 Synopsys 在《2020 年开源安全和风险分析报告》中指出，不安全的开源软件已无处不在。一方面，99%的审计代码库中至少包含一个开源组件；另一方面，经过审核的代码库中有 75%包含具有已知安全漏洞的开源组件，49%的已审计代码库中包含高风险漏洞，老化和废弃的开源组件也无处不在。随着开源组件在当前软件中使用率的持续增长，以及日益严峻的组件安全问题，开源（或第三方）组件的发现和管理已经成为 AST 解决方案中关键性甚至强制性的功能之一。

漏洞修补工作取得较大进步。GitHub 在 2019 年底推出了 GitHub Security Lab——供安全研究人员和开发者修复漏洞和共享专业知识，旨在改善 GitHub 代码共享生态系统整体的安全性。Verizon 2020 年数据泄露调查报告数据显示，漏洞修补似乎比想象的情况要好，只有 2.5%的 SIEM（安全信息和事件管理）事件涉及漏洞利用。该报告指出"这一发现表明大多数组织在修补漏洞方面都做得很好。"但是，漏洞仍然是网络安全的短板。70%的漏洞攻击是由外部黑客造成的，最大的诱因仍是追求经济利益。出于经济利益动机的漏洞攻击占比为 86%，间谍活动占比为 10%。

### 8. 加密货币劫持

加密货币攻击逐渐减少。面向加密货币攻击事件的发生率随着加密货币的价值波动而变化。卡巴斯基公司的专家发现，受利润降低等因素影响，采矿攻击已不再流行，针对家庭用户的攻击数量有所下降。各国新型监管协调体系不断健全完善，加密货币的交易安全性保障水平不断提升，面向加密货币的网络黑客攻击将不断减少。调查表明，2019 年，加密货币攻击使很多企业平均损失 162 万美元。

### 9. 面向供应链的网络安全"跳板攻击"

第三方供应商成为网络攻击的目标。卡巴斯基公司在 2019 年发布的《IT 安全经济学》调查报告中表示，大企业和中小企业都发现与第三方供应商（服务和产品）有关的网络攻击事件的相似率分别为 43%和 38%。根据 One Identity 公司的一项调查，大多数企业（94%）授予第三方访问其网络的权限，而 72%的企业授予特权访问的权限。但是，只有 22%的企业对第三方访问未经授权的信息充满信心，而 18%的企业报告说由于第三方的访问而导致数据泄露。企业与供应商和合作伙伴之间的数字联系将更加紧密。不幸的是网络攻击者变得越来越老练。

硬件成为新目标。现在，黑客已经加大了赌注，开始将目光投向了硬件。在任何环境中，恶意入侵硬件堆栈（包括固件、BIOS 和 UEFI）都是一个巨大的威胁，而这种威胁在供应链中被放大了许多倍。

供应链安全面临巨大挑战。过去几年，供应链已成为网络安全的新战场。一个很明显的迹象就是在 BlackHat 和 Defcon 上有关黑客入侵供应链的演讲开始增多。CrowdStrike 最近对 1300 家公司进行全球调查后发现，有 90%的公司"没有做好准备"应对供应链网络攻击。《2019 年全球威胁报告》指出，现在有超过一半的网络攻击利用了所谓的"跳板攻击"，这意味着攻击者不仅针对一个组织。埃森哲[1]和 BSI[2]的最新报告都将供应链网络安全视为当前最大的挑战。

## 6.3.2 重点平台和领域网络安全威胁态势

### 1. 云平台安全成为近年网络安全热点

云平台成为数据窃取的主要目标。2019 年 7 月，全球主要媒体均对

---

[1] 埃森哲发布的《2019 网络威胁报告》，见 https://www.accenture.com/_acnmedia/PDF-107/Accenture-security-cyber.pdf#zoom=50。
[2] BSI 发布的《2019 年供应链风险分析报告》，见 https://www.bsigroup.com/globalassets/supplychain/localfiles/us/reports/bsi-screen-supply-chain-risk-insights-for-2019.pdf。

Capital One 遭遇美国金融行业规模最大的数据泄露事件进行了报道,该事件影响大约 1 亿名美国公民和约 600 万名加拿大公民。据报道,攻击者利用配置错误,下载极度敏感的数据,此举造成的直接损失达到 1.5 亿美元。美国联邦调查局(FBI)随后披露,其他使用类似错误配置的 30 家组织机构也遭攻陷。2020 年 4 月,号称"世界上最安全的在线备份"服务商 SOS 发生了超大规模数据泄露。vpnMentor 的研究小组表明,SOS 在线备份已泄露了超过 1.35 亿个在线客户的个人记录。

内部管理漏洞等是云安全事件的主要诱因。世界网络安全专业组织(ISC)² 在其所发布的《2019 年云安全报告》中指出,有 28%的企业经历过云安全事故,而员工凭证滥用和非法访问控制的未经授权访问成为云安全的最大漏洞,云平台配置错误占公共云安全事故的 40%[1]。Gartner 发布报告称,2019 年大量数据泄露事件是因为云存储平台的错误配置,95%的云安全事故是由于客户层面而非云基础设施供应商造成的。

### 2. 物联网安全风险随其推广使用日益显现

物联网风险已逐步成为企业面临的最主要风险。美国安全行业协会(SIA)发布的《2019 年安全大趋势调查报告》显示,2019 年物联网及其生成的数据对安全从业人员的影响较大。对于大多数企业而言,物联网带来的威胁已成为 2019 年的头等大事。

物联网设备安全漏洞态势依旧严峻。CyberX 公司发布的《2020 年全球 IoT/ICS 风险》调查报告指出了过去 12 个月中使物联网设备易受攻击的最常见安全漏洞。报告表明,虽然在一些方面得到显著改善,如远程

---

[1] (ISC)², 2019 Cloud Security Report,www.isc2.org

访问的物联网设备数量减少了 30%，但在其中 54% 的设备中发现了漏洞。直接连接互联网的设备漏洞从 40% 下降到 27%。71% 的网站发现了过时的操作系统，而 2019 年这一比例为 53%；66% 的网站未能进行自动防病毒更新，而 2019 年这一比例为 43%。

### 3. 工控系统安全威胁和攻击不断增长

攻击技术的工具化加剧工控安全系统威胁。根据 FireEye 最新发布的工控系统安全报告，工控系统攻击工具的大量涌现使得普通黑客也能实施过去需要特殊知识和高级黑客技术才能进行的攻击，未来工控系统安全形势变得极为严峻。免费提供的 Metasploit 框架虽拥有较少 ICS 专用漏洞程序，但这些漏洞可能对防御者构成巨大风险。工控系统攻击工具极大拉低了攻击的门槛，其将成为当下和未来一段时间的最大威胁。

工控系统面临严重网络安全风险。网络安全公司"火眼"（FireEye）的研究人员指出，目前跟踪与 500 多个漏洞相关的数百个 ICS 专用漏洞利用模块，其中 71% 是潜在的"零日"漏洞。2020 年 2 月，工业网络安全公司 Dragos 发布的《2019 年度 ICS 漏洞态势报告》指出，77% 的漏洞涵盖了通常位于控制系统网络深处（包括工程工作站、HMI、操作员面板、工业网络设备和现场设备）的系统。50% 以上的漏洞可能导致可见性的丧失（无法监视或读取系统状态）或失去控制（无法修改系统状态）。尽管从漏洞的发现到利用漏洞发起攻击直至造成现实的损害并非轻而易举，但是，基于对攻击者 TTPs（策略、技术和程序）复杂程度和攻击能力快速演进的事实，以及工业系统数十年甚至几十年的生命周期，防御者的漏洞修复速度要想跑赢攻击者的漏洞利用速度，即快速压缩漏洞可利用的窗口期，仍然面临空前巨大的挑战。随着物联网设备数量的增加以及网络罪犯的日益猖獗，2020 年全球工业领域面临着严重网络安全风险。

## 6.4 世界各国网络安全政策制定迈出新步伐

世界各国积极采取系列网络安全政策措施，不断夯实网络安全保障基石。数据安全、个人隐私保护和新技术领域持续成为世界各国网络安全政策制定的关注重点。

### 6.4.1 网络安全战略制定总体情况

各国积极完善网络安全战略规划及相关行动计划，旨在提升本国网络安全防护能力。2019 年 9 月，澳大利亚发布《澳大利亚 2020 年网络安全战略》（*Australia's 2020 Cyber Security Strategy*）讨论稿，全面回顾了其在发布《2016 年网络安全战略》之后所实施的诸多安全项目，还将制订评估计划，并提出实现战略目标所需的详细路径。2019 年 10 月，波兰发布了《波兰网络安全战略（2019—2024）》，旨在改进波兰的网络"韧性"，更好地保护公私部门及军事系统的数据。2020 年 2 月，巴西公布了《国家网络安全战略（2020—2023）》，提出将巴西打造成为"网络安全国家"的战略愿景，明确了网络安全三大战略目标。欧洲各国积极实施相关政策举措。2020 年 3 月，美国网络空间日光浴委员会发布了《分层网络威慑战略》，旨在为美国制定新的网络战略。截至 2019 年，全球共有 110 多个国家制定了或正在制定网络安全战略。

## 6.4.2 数据安全保护力度持续加大

**1. 数据保护制度不断完善**

巴西为加强对公民个人信息保护，通过一项宪法修正案，将数字平台上的个人数据保护作为公民基本权利纳入宪法。2019年9月，新加坡新修订的个人资料保护条例正式生效，规定只有在法律要求或有必要证明身份时，才能向公众索取身份证号码等信息。2020年3月，日本通过《个人信息保护法》修订案，要求企业在向第三方提供互联网浏览历史等个人数据时，必须征得用户同意。

**2. 数据跨境流动成关注焦点**

欧盟延续原有跨境数据管理策略——《通用数据保护条例》（GDPR），以隐私保护为优先目的，侧重对个人数据进行跨境流动处理。美国虽然一直强调数据自由流动，但在核心利益方面依然严格管控数据跨境。2019年11月，美国制定了《国家安全和个人数据保护法（草案）》，强调数据本地化，严禁数据出境。2020年2月，美国外国投资委员会（CFIUS）外国投资审查法案最终规则正式生效，严格管控对敏感个人数据领域的外商投资，防止敏感数据外泄。印度内阁批准了《个人数据保护法案》，规定敏感数据和重要数据都必须在印度境内存储和处理。埃及通过《数据保护法》，规定禁止向外国转移或共享个人数据。2020年3月，澳大利亚基于《合法使用境外数据明确法》（《云法案》），修订了《电信（拦截和接入）法案》，以加强与美国的双边协议及合作，允许协议国在出于执法目的时，可互相跨境访问通信数据。

### 3. 数据安全领域立法呈现政治化趋势

美国和欧盟提出多个"安全选举"立法，禁止外国公民参与与选举有关的任何活动。美国众议院、参议院相继引入或通过《选民隐私法案》《安全选举法案》等多部提案，改善联邦政府的选举投票系统，加强对网络广告的监管，禁止外国公民对选举进行干预，并且强调保护选民的个人隐私。欧盟通过了《关于外国选举干预及虚假信息影响欧洲及成员国民主进程事宜的决议》等立法文件，保护成员国的选举安全。

### 4. 个人信息保护执法不断加强

细分技术领域的个人信息保护标准相继制定。英国和法国陆续更新储存在用户本地终端上的数据（Cookie）使用指南，对已有隐私和电子通信法规进行更新，强调了"用户同意"在Cookie使用中的基础地位，对Cookie引入严格的个人数据保护标准。特别是在疫情期间，各国积极利用数字化技术开展抗疫工作，针对疫情的个人隐私保护成为关注焦点，相关保护力度明显加大。美国提出了《2020年COVID-19消费者数据保护法案》，以规范与新冠病毒大流行有关的个人信息的收集和使用。欧盟发布了《支持抗击新冠疫情应用程序的数据保护指引》，确保公民在使用应用程序时个人数据得到足够的保护。日本个人信息保护委员会（PPC）发布了《关于联系人追踪移动应用程序的数据处理指导意见》，要求"个人信息处理业务经营者"加强个人信息保护。

## 6.4.3 关键信息基础设施保护不断加强

美国制定了系列重要的基础设施保护法案，也制订了相关计划。其中，《保护关键基础设施免受无人机和新兴威胁法案》要求国土安全部对无人机技术带来的相关恐怖主义威胁进行评估；《保障能源基础设施法案》（SEIA）计划通过利用低技术冗余取代自动化系统的方法，保护美国电网免受黑客攻击。美国政府问责署发布了《关键基础设施保护：采取措施应对电网面临的重大网络安全风险》报告。该报告对美国电网面临的网络安全风险和挑战进行了分析，描述了联邦机构应对电网网络安全风险所采取的措施。美国《分层网络威慑战略》优先考虑将"具有系统性重要性的关键基础设施"的概念写入法律。

### 6.4.4 积极制定技术领域政策

#### 1. 各国加速布局 5G 安全

为确保 5G 安全发展，世界各国纷纷出台相关战略政策。欧盟委员会发布《欧盟 5G 网络安全风险评估报告》。美国批准多项与 5G 安全相关的法案，包括《确保 5G 安全国家战略》《安全 5G 和超越法案》等。但是美国在 5G 问题上，推行霸权主义、单边主义和保护主义，将 5G 技术问题政治化，泛化"国家安全"概念，炮制"国别出身论"，对全球 5G 产业链稳定和供应链安全造成巨大冲击，为 5G 安全发展带来威胁与挑战。

#### 2. 持续推动人工智能安全发展

美国发布《国家人工智能研发战略计划：2019 更新版》，为确保人工智能安全发展，强调要建立健康的和可信任的人工智能系统。欧盟网络与信息安全局（ENISA）发布了《建立网络安全政策发展框架——对自主代理的安全和隐私考虑》的报告，旨在为欧盟成员国提供一个政策制定框架，以应对人工智能引发的安全和隐私问题。世界人工智能安全高端对话和世界人工智能大会法治论坛联合发布了《人工智能安全与法治导则（2019）》。该导则从五大方面，对人工智能发展的安全风险做出科学预判，提出应对策略，守卫人工智能发展的所谓"安全基因"。2019年6月，二十国集团（G20）部长级会议通过《G20人工智能原则》，推动建立可信赖人工智能的国家政策和国际合作。

## 6.5 世界网络安全技术发展新趋势

世界网络安全技术发展稳中向好，呈现零信任架构广泛应用、网络安全中人的因素日益突出、越来越多的智能手段可用于解决网络安全问题等特点。

### 6.5.1 零信任架构越来越多

零信任是一种新的网络安全方法论，即"永不信任，始终验证"，每个设备、用户和网络流程均须验证、记录和检查。零信任安全架构是对传统边界安全架构思想的重新评估和审视，是围绕业务系统创建的以身份为中心的全新边界。

近年来，基于零信任的网络安全已经过多次尝试和探索，甚至已成为一些国家网络安全政策措施的重要组成部分。零信任也将成为未来网络安全架构主流选择之一。全球零信任安全接入企业保思安（PulseSecure）在 2020 年 2 月发布了《2020 年零信任进度报告》[1]，在调研了金融、医疗、制造、高科技、政府和教育等多个行业的 400 多名安全决策者后发现，53%的企业计划将零信任访问功能转移到混合 IT 部署中，25%的企业将采用基于 SaaS 的零信任安全框架。

## 6.5.2 网络安全中人的因素日益突出

近些年的网络安全实践越发显现"人是安全的关键要素"这一基本认识。网络安全倾向于关注最新和最先进的安全技术，但却经常忽视人的因素，无论是安全防护还是攻击背后的恒久力量一直都是人。人是网络安全管理中相对较为薄弱的一环。网络安全事件是由恶意或者无意的人为错误所引起的。根据 IBM 公司的一项研究，人为错误是 95%的网络安全漏洞的主要引发原因。此外，网络钓鱼之所以成为网络攻击的主要手段，也正是利用了人的好奇心以及疏忽大意。

## 6.5.3 智能手段更多用于解决网络安全问题

早期人工智能在网络安全应用集中于简单的场景（如过滤电子邮件中的垃圾邮件），从 2020 年开始，人工智能技术扩展到网络安全团队的所有职能和部门。近年来，国内外网络安全企业有效利用人工智能较强的学习和推理能力，推出众多基于人工智能的恶意代码检测、异常流量检测、软件漏洞挖掘、异常行为分析、敏感数据保护、安全运营管理等

---

[1] PulseSecure 发布的《2020 年零信任进度报告》，2020 年 2 月，见 https://www.pulsesecure.net/resource/2020zero-trust-report/。

工具产品，有效提升网络安全防御的精度和效率。人工智能的进步催生了更加智能和更加自主的安全系统。通过机器学习，这些系统可以在无人工干预的情况下自行学习并自我改进。基于人工智能的网络安全防护应用已成为网络安全领域的重点方向。以大数据分析、机器学习、深度学习、人机协同为代表的人工智能与网络安全融合实践日益增多。

## 6.6 网络安全产业持续发展

世界各国不断提升和完善网络安全政策和标准体系，加大在网络安全领域的投资力度，为网络安全产业发展奠定基础，世界网络安全产业呈现快速发展态势。

### 6.6.1 世界网络安全产业规模稳步增长

2019 年，世界网络安全产业规模为 1217 亿美元，同比增长 8.64%。世界网络安全行业分布格局基本不变，北美地区、西欧地区、亚太地区维持三足鼎立态势，合计市场份额超过 90%[1]。其中以美国、加拿大为主的北美地区市场规模为 548 亿美元，较 2018 年增长 9.6%，增速全球领先，全球占比为 45%。以英国、德国等国为主的西欧地区市场规模为 316 亿美元，较 2018 年增长 7.5%，全球占比为 26%。以中国、日本、澳大利亚、印度等为主的亚太地区市场规模为 268 亿美元，较 2018 年增长 8.9%，全球占比为 22%。中东地区、东欧地区、拉丁美洲等其他地区网

---

[1] 数据来源：2020 年全球网络安全行业市场分析，2020 年 4 月，见 https://bg.qianzhan.com/trends/detail/506/200417-3d8590cc.html

络安全产业市场规模为 85 亿美元，较 2018 年增长 6.3%，全球占比为 7%。2019 年世界网络安全产业区域分布如图 6-1 所示。

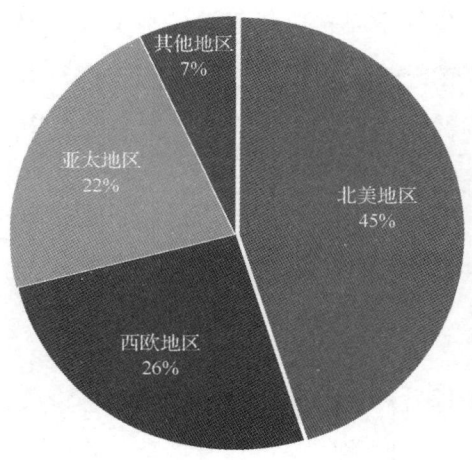

图 6-1　2019 年世界网络安全产业区域分布

## 6.6.2　网络安全产业发展逐步推进

**1. 网络安全服务市场发展持续向好**

网络安全服务成为世界网络安全市场关注的重点领域。安全服务与安全产品占比分别为 52% 和 48%。根据国际数据公司定义，网络安全服务市场由咨询服务、集成服务、IT 教育与培训以及托管安全服务（MSS）4 个子市场构成。其中，托管安全服务在 2019 年的市场规模达 642 亿美元，是基础设施保护与网络安全设备投入的 2 倍[1]，其通过为用户提供精

---

[1] 全球网络安全状况、数字及统计（2020 版），2020 年 3 月，见 https://baijiahao.baidu.com/s?id=1661404390660561771&wfr=spider&for=pchttps://securityintelligence.com/articles/11-stats-on-ciso-spending-to-inform-your-2020-cybersecurity-budget/

准高效的安全服务,帮助企业提升安全防御与响应水平,成为全球市场的新需求。互联网数据中心调研数据显示,全天候专业支持、威胁情报能力、检测能力、响应能力、安全战略与规划已成为全球用户在选择托管安全服务提供商时所考虑的重要因素。2019 年全球 IT 安全产品与服务市场份额如图 6-2 所示[1]。

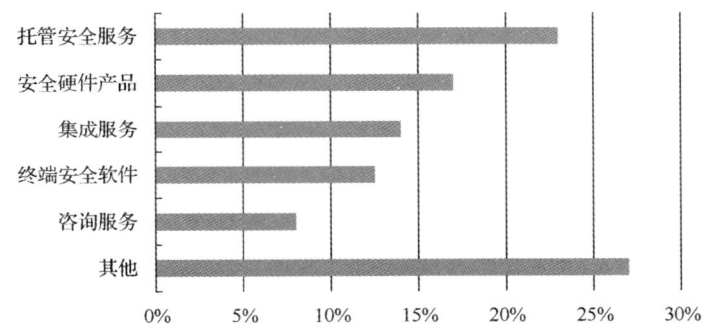

图 6-2　2019 年全球 IT 安全产品与服务市场份额

### 2. 重点领域网络安全市场发展迅速

人工智能赋能网络安全效用明显。2019 年,人工智能领域与网络安全相关的投融资活动超过 180 笔,占网络安全投资总数的 45%,目前,人工智能网络安全市场的价值为 88 亿美元,未来人工智能网络安全市场将以 23%的复合年均增长率增长[2]。

---

[1] IDC<Worldwide semiannual Security Spending Guide 2018H2>
[2] 人工智能孕育巨大网络安全市场,2020 年 6 月,见 https://mp.weixin.qq.com/s?src=11&timestamp=1604630441&ver=2689&signature=4*aGv-joy4V9e8VUkw5jTrITWdyesWWYVpO-QaF2DlSHbW6QO1odYg-IcOhP1Sn6fONV*Q9TtIo1bK1-Fk3rgUBvR7tBAOvRjiQ*uLlXWdBpurkdcMCFTyLdjoKh2eks&new=1

### 6.6.3 网络安全产业生态体系建设情况

**1. 市场需求规模不断扩大**

根据 2020 年 2 月思科发布的《2020 年首席信息安全官（CISO）基准研究报告》(*Cisco 2020 CISO Benchmark Report*)，89%的企业把网络安全作为发展优先考虑事项，61%的企业自愿积极披露违规行为，其积极性是近 4 年来最高的。全球主要企业纷纷加强在网络安全方面的预算与投入，全球数据咨询平台 IDG 的《2020 首席信息官状况》调查报告显示，34%的企业认为其在安全与风险管理方面的投入占比最大。受疫情影响，远程办公呈现常态化趋势，网络安全威胁风险增长，网络安全保障需求同步上涨。

**2. 网络安全企业投融资额上涨明显**

国际资本对网络安全行业追捧势头高涨，2019 年 1—11 月，世界网络安全行业融资额为 73.22 亿美元，较 2018 年上涨 18.1%[1]。受疫情影响，多家网络安全公司的市值发生较大变化，2020 年 3 月的世界网络安全企业市值较 2019 年 11 月增长 26 亿美元，上涨 10.2%。其中亚太地区的网络安全企业市值增长势头强劲，平均上涨 41.9%；其他地区的网络安全企业市值呈下降态势，美国网络安全公司的市值平均下降 4.5%；欧洲地区平均下降 8.7%；以色列网络安全企业市值下降明显，平均下降 18%。2019 年 11 月和 2020 年 3 月的世界主要网络安全公司市值变化情况如图 6-3 所示。

---

[1] 数据来源：2020 年全球网络安全行业市场分析，2020 年 4 月，https://bg.qianzhan.com/trends/detail/506/200417-3d8590cc.html

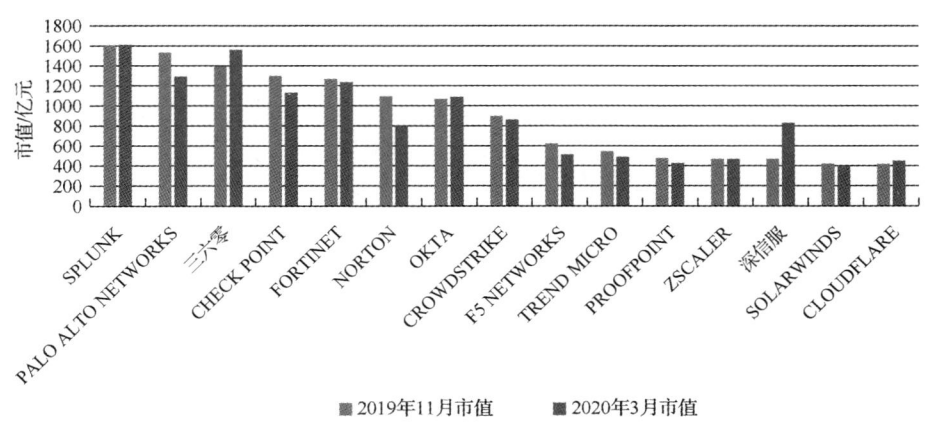

图 6-3　世界主要网络安全公司市值变化情况

## 6.7　网络安全人才培养新需求

面对复杂严峻的网络安全形势和网络安全人才缺乏的局面,各国都把网络安全人才培养当成提升国家网络安全综合能力的战略手段,多方施策加大本国的网络安全人才培养力度。

### 6.7.1　当前世界网络安全人才和技能短缺依然严峻

当前世界网络安全人才缺口巨大,对网络安全熟练技能的专业人员需求不断升级,世界网络安全劳动力短缺仍然是普遍问题。

**1. 人才缺口巨大**

从整体上来看,全球 70%的国家都面临网络安全人才短缺的局面。

（ISC）[2]2019 年《网络安全劳动力研究》报告指出，全球网络安全劳动力缺口高达 407 万个，世界网络安全人才需要增长 145%才能满足需求[1]。65%的公司反映存在网络安全人员短缺问题，36%的受访者最担心的是缺乏熟练的网络安全专家。网络安全公司 Cybersecurity Ventures 估算，未填补的网络安全职位数量预计将增长 350%，从 2013 年的 100 万个增加到 2021 年的 350 万个[2]。

### 2. 地区分布不平衡

从地区分别来看，网络安全人才缺口存在地区性差异，美欧等网络技术发达地区形势明显好于亚太、非洲等欠发达地区。欧洲过去一年中网络安全人才空缺几乎翻了一倍，人才缺口大约为 30 万个，北美地区为 56 万个，亚洲网络安全人口缺口巨大，高达 260 万个，占全球人才缺口总量的 64%，拉丁美洲的网络安全人才缺口也达到 60 万个。世界网络安全人才缺口分布如图 6-4 所示。

图 6-4 世界网络安全人才缺口分布图

---

[1] (ISC) 2 Cybersecurity Workforce Study, 2019，Strategies for Building and Growing Strong Cybersecurity Teams.

[2] Cybersecurity Ventures，The 2019/2020 Official Annual Cybersecurity Jobs Report. https://www.herjavecgroup.com/wp-content/uploads/2019/10/HG-CV-2019-Cybersecurity-Jobs-Report.pdf

美国发布的《网络安全人才行政令》指出,美国目前有超过 30 万个网络安全职位缺口,网络安全职位占所有技术职位空缺的 32%~45%。(ISC)² 发布的 2019 年数据表明,美国估计需要增加 56 万人来填补这一缺口,需要以 62%的速度增长才能满足未来网络安全人才需求。德勤的研究显示,到 2021 年,加拿大预计需要补充大约 8000 个网络安全职位[1]。英国国家安全战略联合委员会调查发现,即便是国家网络安全中心(NCSC),也面临着专业人才短缺的挑战。爱尔兰在网络安全领域的技能缺失也在继续扩大,对网络安全人才的需求逐年增长,大约以 18%的增长速度才能满足需要。印度全国软件和服务公司协会(NASSCOM)估计,印度到 2020 年将需要 100 万个网络安全专业人员以满足快速增长的经济需求,成为近两年来网络安全职位空缺最多的国家。

### 3. 网络安全技能短缺

网络安全研究公司 Stott and May 发布的《网络安全焦点 2020》报告指出,大多数网络安全领导者正与技能短缺作斗争,76%的受访者认为他们的组织缺乏网络安全技能,较 2019 年(88%)有所改善。近 72%的组织仍在努力吸引网络安全人才,与 2019 年相比没有改善[2]。参与此项研究的达娜基金会(Dana Foundation)CISO 吉姆·鲁特(Jim Rutt)提到,"在安全架构师、安全工程师和高级安全处置专家这些领域明显缺乏优秀人才。"相关数据显示,自 2015 年以来,反映网络安全技能严重短缺的组织数量每年都在增加。在 2018—2019 年,53%的受访者表示存在网络

---

[1] Deloitte, The changing faces of cybersecurity. https://www2.deloitte.com/content/dam/Deloitte/ca/Documents/risk/ca-cyber-talent-campaign-report-pov-aoda-en.pdf

[2] The Stott and May,Cyber Security in Focus 2020,https://resources.stottandmay.com/hubfs/Research/Cyber%20Security%20in%20Focus%202020_web-2.pdf

安全技能短缺问题[1]。企业战略集团（ESG）调研的网络安全技能短缺的企业年度比例如图 6-5 所示。

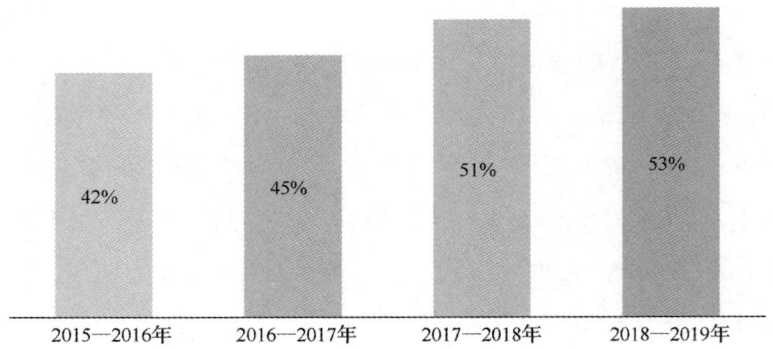

图 6-5　企业战略集团调研的网络安全技能短缺的企业年度比例

### 4. 网络安全行业人才多样性问题需重视

在性别方面，网络安全行业的男性人才数量明显多于女性。企业战略集团（ESG）数据表明，全球只有 11%的女性从事网络安全行业。在英国，这一数字降至 8%。(ISC)²的数据表明，世界网络安全专业人士的男性比例是女性的两倍多，女性网络安全专业人员比例最高的是拉丁美洲（39%）和北美地区（34%）。英国 2020 年 3 月发布的报告显示[2]，15%的网络安全劳动力是女性，而其他数字行业中女性占比达到 28%。

---

[1] Jon Oltsik，The Cybersecurity Skills Shortage Is Getting Worse，https://www.esg-global.com/blog/the-cybersecurity-skills-shortage-is-getting-worse.

[2] 数据来源：英国 DCMS 部发布的 Cyber security skills in the UK labour market 2020，2020 年 3 月 12 日，见 https://www.gov.uk/government/publications/cyber-security-skills-in-the-uk-labour-market-2020/cyber-security-skills-in-the-uk-labour-market-2020。

## 6.7.2 加强网络安全人才培养的新举措

为落实 2019 年《网络安全人才行政令》要求,美国提出若干新的网络安全人才计划,参议院和众议院两院提出《网络人才预备计划法案》等多项法案,要求在劳工部内部建立补助计划,以应对当前网络安全人才培养和技能方面的不足。2020 年 2 月,美国国家标准和技术研究院(NIST)发布《建立成功的区域联盟和多利益相关方伙伴关系以构建网络安全劳动力的路线图》,总结了 NIST 资助的 5 个网络安全人才培养试点项目工作,记录其所用方法和最佳实践,并为建立类似社区提供了路线图。2019 年 12 月,欧洲网络与信息安全局(ENISA)发布《欧盟网络安全技能发展》报告,提出要重新设计教育和培训方式,以改善当前网络安全教育中的问题,重新定义网络安全专业人才的知识和技能,从根本上改变网络安全技能短缺的现状[1]。俄罗斯面向 2030 年的《国家科学技术发展计划》提出,2019—2030 年俄罗斯政府将累计投入约 1596 亿美元,用于构建稳定高效的科学、工程和创业人才支持体系,实施一系列面向信息安全等针对性人才培养的联邦项目。

---

[1] ENISA,Cybersecurity Skills Development in the EU,2019.12,https://www.enisa.europa.eu/publications/the-status-of-cyber-security-education-in-the-european-union/at_download/fullReport

# 第 7 章　世界网络法治建设

## 7.1　概述

一年来，网络空间法治建设继续向前推进，法治建设的体系化与精细化程度不断提升。互联网技术产业的创新应用成为各国综合国力竞争的重要组成部分。如何在互联网时代借助政策与立法推动互联网产业发展，维护互联网应用安全，平衡多元主体利益成为近期网络法治的重要关切点。各国持续深化网络安全领域立法，探索网络法治建设的新路径，完善网络法治各细分领域建设，主要从 4 个方面着手进行：

（1）注重个人信息保护，结合具体场景完善数据保护规则。

（2）规范互联网竞争秩序，净化互联网内容。

（3）强化网络安全机制建设，完善运行保障体系。

（4）推进新技术新产业发展，同时防范其带来的风险。

疫情期间个人信息保护和利用状况备受关注，许多国家结合具体场景制定了个人信息保护框架的例外情形，寻求个人信息保护与其他利益保障之间的平衡点；网络平台在竞争中暴露出诸多问题，其中网络垄断和网络虚假内容问题较为突出，许多国家通过立法、司法等方式规范网络平台的竞争行为，营造良好的网络法治环境；网络技术的发展同时将国家竞争引入网络层面，网络安全技术和标准竞争成为国家竞争中的新方向，各国多措并举强化本国网络安全防护水平，争夺新时期国家竞争的制高点；以人工智能、物联网为代表的新产业不断发展的同时，应用风险亦受到关注，各国普遍采取审慎监管的立法态度，确保各类新技术、新业态在符合基本安全标准的基础上有序发展。

## 7.2 个人信息保护立法工作深入推进，探索行业数据特殊规则的制定

过去一年，个人信息保护立法工作深入推进，各国在制定本国个人信息保护"基本法"的基础上，根据数据类型差异、行业特征区隔等情况，开始探索个人信息保护的特殊规则。疫情暴发导致全球个人信息保护立法工作重心开始转移，各国政府寻求医疗健康数据收集和使用的特殊规则，减少政府和医疗机构研判与预测疫情走向乃至防疫政策制定可能面临的制度障碍，推动疫情数据和医疗健康信息在政府部门与医疗机构、研究机构之间自由流动和及时共享。

### 7.2.1 立法内容向纵深发展，具体规则持续完善

各国继续坚持个人信息保护的原则与方向，细化具体规则。同时，各国在原有个人信息保护原则的基础上，结合具体场景制定个人信息保护的特殊规则。

美国对个人信息的保护始终坚持个人信息保护所从事的商业创新并

重的模式，但在两者发生冲突时，优先考虑商业利益是否受到严重限制。在联邦政府层面，实际通过参议院和众议院两院审议的法案寥寥无几。在州政府层面，内华达州、加利福尼亚州等 12 个州相继颁布了本州的个人隐私保护立法文件。例如，加利福尼亚州政府在 2019 年 10 月先后颁布了《加利福尼亚州消费者隐私法案》（CCPA）等 5 个修正案。从各州颁布的法律文本来看，美国个人信息保护中商业利益优先的基本理念仍在延续，其仍然以默许企业收集用户的个人信息、降低互联网企业的合规成本为重点。但在具体内容层面亦有变化，在继续强化对个人敏感信息的保护的基础上，立法工作重心从以往的个人信息删除和披露规则向收集、存储规则转移，确保用户在注册账户之后，其个人信息不被互联网巨头非法滥用。

欧盟确立的个人权利框架、数据处理合法性依据、责任机制、数据泄露报告机制和执法机制提高了应对数字经济和科技创新的可操作性。欧盟《通用数据保护条例》（GDPR）在实施过程中面临着限制个人数据流动和商业化使用困境，欧盟立法者选择以发布实施细则和行为指南等方式逐步完善和补全欧盟的个人信息保护框架。2019 年 11 月，欧盟数据保护委员会（EDPB）针对 GDPR 第 25 条"数据系统保护和默认保护"发布了指南，立法者不再选择以某项具体的安全技术或措施应用为合规标准，而是以个人数据保护的实用性和有效性为判断依据。数据控制者仅需满足所采取的技术手段和安全措施适合在商业活动中个人数据的保护，并且达到法定预期效果即可。欧盟数据保护委员会同时期发布的《GDPR 域外适用指南》，明确了 GDPR 同样适用于欧盟境内设立营业地且从事数据处理行为的数据控制者或处理者，打破了以往属地原则和属人原则的固有限制，直接影响到在欧盟境内设置营业地或所从事的数据处理行为涉及欧盟境内产业和服务的企业。在成员国层面，2019 年 11 月，西班牙数据保护局（AEPD）通过《个人数据的教育和健康应用指南》和《Cookie 使用指南》两份规范性文件，细化数据控制者在收集个人数据时的"信息透明规则"和"同意的法定形式"，尤其是获得用户对应用 Cookie 技术的"明确同意"。

日、韩两国在 2020 年的立法中也根据网络安全态势适时调整本国个人信息保护的基本框架，持续推动个人信息保护立法工作向纵深发展。日本的立法动态呈现出对跨境数据处理行为的监管，韩国则选择进一步细化"个人信息"等基础概念的内涵和外延，强化个人信息保护立法的可操作性。2020 年 3 月，日本内阁批准了《个人信息保护法》（APPI）的修正案。该修正案新增诸如向个人信息保护委员会（PPC）报告数据泄露事件等法律义务，还将 PPC 的监管权限延伸至离岸公司，授权 PPC 对离岸公司的非法信息处理行为处以行政罚款。2020 年 1 月，韩国国会通过了《个人信息保护法》（PIPA）、《提升信息通信网络使用和信息保护法案》（Network Act）以及《信用信息使用和保护法案》（Credit Information Act）3 个主要的数据隐私法修正案，将个人信息保护与韩国数字经济发展战略联系在一起，以"假名化信息"重新梳理不同规范之间有关个人信息保护的条款内容，避免重复规定所产生的监管资源浪费。

### 7.2.2 信息保护基本原则不变，对疫情数据设置例外情形

受疫情影响，世界各国的数据保护机构普遍重新调整了个人信息保护的基本定位，将个人医疗数据的自由安全流动作为首选事项，规定了一般情况下个人医疗数据收集、使用和流动的诸多例外事项。

### 1. 明确个人信息保护基本要求

在处理患者的健康医疗数据时，以个人隐私和健康权保护为基本要件，明确在疫情期间个人信息保护的"底线"，要求健康数据的收集和使用应当遵守立法中针对特殊类别数据的保护规定。2020年3月，欧盟数据保护委员会（EDPB）专门发布了《新冠肺炎疫情背景下为科学研究目的使用健康数据指南》，要求为科研目的处理健康数据必须遵守欧盟的基本权利规定，包括个人数据处理的同意要求、个人数据保护原则、数据主体权利以及数据跨境流动相关规定等。意大利数据保护局重申个人数据处理的合法性原则，即个人数据的处理必须从个人隐私保护的角度出发；严格遵守最小化处理原则，重点规范了健康数据和行踪轨迹数据这两种敏感信息；用人单位不得违反法律法规以系统、概括性的方式收集和处理特殊信息；数据保护机关支持公共行政部门要求其工作人员负有报告信息的义务；对于工作场合的个人信息保护进行了重点处理。2020年4月，德国联邦信息安全办公室（BSI）发布了《数字医疗应用的安全要求》（BSI TR-03161），明确移动医疗应用处理敏感个人数据的安全要求。

### 2. 规范个人信息收集和使用规则

允许行政机关和公共机构依照法定的特别授权收集公民个人信息，但其收集目的仅限于预防新冠肺炎感染之目的。例如，英国信息专员办公室（The Information Commissioner's Office，ICO）表示数据保护法和电子通信法不会阻止政府、NHS或任何其他卫生专业人员通过电话、短信或电子邮件向人们发送公共卫生信息。法国数据保护监管机构国家信息与自由委员会（The Commission nationale de l'informatique et des libertés，CNIL）表示卫生部门可以收集个人健康数据，并有资格采取适合于具体情况的措施。加拿大隐私事务专员办公室（Office of the Privacy Commissioner of Canada，OPC）在"新冠肺炎疫情应对举措的隐私影响评估框架"中专门规定了疫情期间个人健康医疗数据的收集规则，并明确了适用于例外措施的情形。澳大利亚议会通过了《2020年隐私法修订法案（公众卫生联络资料）》，对疫情应用程序收集、使用和披露用户数据提出了严格要求，力求确保COVID Safe（应用程序）收集的数据仅用于协助州和地区卫生官员，或者服务于州和地区卫生当局的人员进行接触者追踪，并用于COVID Safe和国家COVID Safe数据库的正常运行，符合完整性和安全性原则。

### 3. 打通疫情信息沟通障碍

部分国家允许持有个人健康数据的组织机构，以保护公共利益之目的与指定的政府部门共享公民的个人健康数据，意图打通政府部门与医疗机构、公共组织之间的疫情信息沟通障碍。英国信息专员办公室表示，组织可以出于公共卫生目的与政府机构共享员工的健康信息。西班牙数据保护局（Agencia Española de Protección de Datos，AEPD）在其2020年发布的报告中指出，即使在这些紧急卫生情况下，个人数据的处理也必须继续按照有关个人数据保护的规定（如GDPR）来保护个人的相关权利，这些立法在制定时已经预见到发生特殊情况的可能性，并规定了相关的原则，其中包括以符合合法性、安全性、透明度、目的限制、准确性和数据最小化等原则来处理个人数据。

## 7.2.3 数据泄露事件频发，行政处罚力度上升

各国政府为警惕互联网巨头的数据收集和处理行为，强化对数据收集行为的目的性、必要性等法定标准的行政监管。对于一般的数据控制者而言，各国政府的个人信息保护监管重心则集中于是否存在数据泄露安全漏洞、是否落实企业数据安全责任、是否实际履行"知情—同意"规则等内容。

2019年10月，因发生大规模公民数据泄露事件，土耳其政府以"未采取必要的技术措施和管理策略"和"未履行数据保护责任"为由，对数据控制者处以28万美元的罚款。2020年初，因为谷歌没能实现用户行使删除权，瑞典数据保护局DPA认定谷歌违反GDPR所规定的"数据主体权利"等条款，处以约700万欧元的罚款。脸书在2020年初因为数据泄露事件，遭到多国数据保护机构起诉和行政处罚。例如，澳大利亚隐私监管机构在2020年3月起诉脸书应当对数据泄露事件承担法律责任；巴西司法部认为脸书错误地将来自44.3万名脸书用户的数据泄露给个人，裁定处以660万巴西雷亚尔的罚款。

在个人信息保护实践中，多以美国联邦贸易委员会（FTC）作为主要的监管主体，其实质性监管标准是以商业机构的数据收集和处理行为是否侵犯消费者（用户）合法权益以及是否构成对个人敏感信息的侵害。美国互联网公司Retina-X和Johns所开发的移动设备应用程序，存在用户不知情或未经其许可的情况下监视用户移动设备的问题，2019年10月，美国联邦贸易委员会指控违反禁止不公平和欺骗性行为的规定以及《儿童在线隐私保护法案》。美国犹他州的科创公司InfoTrax Systems因未能使用合理的安全保护措施而导致黑客获取了大量客户的个人信息遭到美

国联邦贸易委员会的起诉，2019年11月15日，两者达成和解。除此之外，2019—2020年，美国联邦贸易委员会还先后与Medable公司、纽约T&M公司就美国和欧盟之间隐私盾实施达成和解。

## 7.3 加强网络平台规制，净化网络平台环境

数据资源垄断、技术优势倾轧合同等行为正在不断提高互联网市场的准入门槛，以美欧为代表的国家开始将这些互联网巨头的经营行为视为网络空间治理的核心环节之一，对可能或已经损害互联网市场竞争秩序的行为开展反垄断调查。同时，处理虚假信息，净化网络平台环境的立法也被提上了各国互联网法治的立法进程。

### 7.3.1 规范网络平台竞争手段，维护平台自由竞争秩序

网络平台是网络技术与产业发展的依存场域，规范网络平台，有利于保障网络技术与产业的健康、有序发展。2019年7月，欧盟监管机构宣布就亚马逊对其平台内独立零售商敏感数据的使用是否违反欧盟竞争规则进行调查。调查的原因在于亚马逊在为平台内商家提供销售市场时会不断收集这些商家的销售数据，亚马逊对销售数据的收集活动成为欧盟委员会的重点关注事项。2019年9月，法国巴黎商业法院认定亚马逊公司与平台卖家之间的合同条款存在滥用市场支配地位的问题，处以400万欧元的罚款。在亚马逊与平台卖家签订的合同中，亚马逊公司有权随时变更合同条款，如限制快递物流送货时间或阻止物流发货。法国消费者监管机构（DGCCRF）在其调查报告中认定亚马逊公司的这些商业行

为构成"滥用市场支配",因为亚马逊在与供应商之间的合同中规定"亚马逊保留随时自行修改合同和用户政策的权利,不另行通知",此类条款被法院认定为"显失公平",并被要求在 180 日内修改部分格式条款,否则每日将处以 1 万欧元的罚款。

欧盟对于超级互联网平台的监管主要集中于个人数据使用行为监管、反不正当竞争行为监管等领域,并对亚马逊、优兔网等平台的行业垄断趋势保持持续关注。2019 年 4 月,欧盟委员会发布的《数字时代的竞争政策》（Competition Policy for the Digital Era）指出,由于市场的自身特性导致仅有部分网络平台能够在市场中生存下来,因此对平台利用市场支配地位限制本行业的市场准入或利用其市场优势地位对邻近市场产生威胁表示警惕。网络平台巨头的产生对于平台的自由竞争秩序影响极为明显,例如,网络平台限制竞争的最常见手段是要求平台内的卖家不能以低于本平台销售价格在其他平台或通过其他渠道销售商品,对消费者的选择权构成实质性阻碍。2019 年 8 月,23 家欧洲招聘网站要求欧盟竞争委员会对谷歌的不公平竞争行为进行审查,因为谷歌求职软件可以帮助求职者进行众多招聘信息的汇总,方便求职者进行筛选、保存并及时提醒求职者相关岗位开放时间。此外,该软件还将求职信息搜索结果置顶,位于其他招聘网站的搜索结果之前,欧盟监管机构认为该商业行为已经构成对其他市场自由竞争秩序的破坏。欧盟在网络平台监管领域始终以欧盟消费者权益保护为直接目标,审慎规制平台信息服务的具体业务行为。

### 7.3.2 保障消费者选择空间,明确平台信息发布规则

2019 年 7 月,美国司法部发布《司法部审查市场巨头网络平台的商

业实践》指出,美国司法部将对损害充分市场竞争和用户利益的商业实践进行审查,关注这些巨头平台如何获得市场支配地位以及存在的减少竞争、扼杀创新或损害消费者权益等商业行为。美国商务部也开展对巨头平台的审查,目的在于以客观公正的方式评估网络平台市场的竞争状态,确保美国公民和企业能够进入自由竞争的市场。2019年10月,美国各州47位总检察长计划参与由纽约州主导的针对脸书的反垄断调查,认为脸书可能使消费者数据面临风险,减少消费者选择空间,间接提高广告价格。除脸书外,谷歌、亚马逊和苹果同样被视为潜在的垄断主体,此次调查的范围包括这四家公司的所有业务范围,但由于美国反垄断法的复杂性以及商业模式的创新性,美国监管部门并不能同传统行业那般直接认定是否构成垄断,但也担心这四家科技公司凭借自身的市场优势和用户基数掌握过多的"权力",限制其他行业的自由竞争与市场准入。

2020年4月,法国反垄断监管机构法国竞争管理局裁定谷歌应当支付法国出版公司和新闻机构新闻内容的费用,原因在于谷歌任意免费发布法国出版商和新闻公司的新闻信息,在其搜索结构的链接中发布少量新闻文章摘录,构成滥用市场支配地位。该裁定做出的法律依据是欧盟最新规定的《欧洲版权指令》,此前欧盟并未对新闻信息聚合平台所收集的信息利益归属做出认定,但最新的《欧洲版权指令》第11条规定支付许可费使内容创作者受益,这使得谷歌在搜索结果中必须将缩略图和文本信息进行屏蔽。

### 7.3.3 强化网络内容监管,净化网络平台环境

网络技术的发展使得网络成为人类交流与沟通的新平台,丰富了人类信息传播方式,加快了信息传播速度,进一步推动了人类思想的交流

与发展。然而，在匿名化状态下，网络信息的发布很难受到有效约束，网络虚假信息的清理成为净化网络平台的重要举措。

2019年10月，新加坡颁布的《防止网络假信息和网络操纵法案》正式生效。该法案赋予了政府处理网络虚假信息的权力，为政府要求个人或网络平台对虚假信息进行更正或删除提供了法律依据。该法案列举了可对虚假信息采取的措施，对虚假信息的发布者和传播者采取的措施也得到明确规定。此外，该法案还提出，政府可向互联网中介和大众媒体服务提供商发布指令，要求其更正、阻止访问相关虚假信息，同时规定了虚假信息活动的法律后果，某些情况下将被判处刑罚。从内容上看，新加坡颁布的《防止网络假信息和网络操纵法案》对虚假信息治理提供了较为全面的治理措施。2020年6月2日，欧盟委员会启动有关《数字服务法案》的公开公众咨询意见，拟强化网络平台的内容监管责任，敦促成员国严格监管虚假新闻与网络谣言。2020年6月30日，巴西参议院通过了《虚假新闻法案》（Bill on Fake News），以制止并打击虚假新闻，保证社交媒体的透明度。在该法案正文获得批准后，参议员还对法案的修正案进行了投票。参议员安吉洛·科罗内尔（Angelo Coronel）指出立法试图使条文更加简洁，确保及时得到答复的权利，并保障在严重情况下能够及时删除相关内容。从全球趋势来看，虚假新闻的监管立法进程正在逐步加速，各国正在强化对本国网络平台的内容监管，网络空间的国家话语权争夺日趋明显。

## 7.4 推动网络安全立法进程，完善网络安全保障体制

一年来，全球网络安全态势严峻，数据泄露、高危漏洞等网络安全

事件频发。各国纷纷增加投入，强化本国网络安全防护措施。主要大国的网络安全专业部门逐步建立，公私合作逐步推进，同时不断抢占 5G 网络发展先机，完善运行保障体系。

## 7.4.1 建立网络安全部门，吸纳社会力量参与

网络节点之间的互联互通状态决定了完全由政府主导网络安全建设难有成效，公私合作的安全保障体系构建势在必行。为此，各国逐步建立健全网络安全公私合作机制，细化网络安全领域部门专项职能。从全球格局来看，美国联邦政府及其各州政府正在逐步强化政府部门对网络空间的管控能力，延伸行政监管的实际范围，欧洲各国则更侧重网络安全军事力量的强化，各国网络军事力量争夺或将掀起新高潮。

美国建立专门网络安全管理部门，鼓励社会力量参与的趋势明显。2019 年下半年，美国众议院国土安全委员会通过《网络安全咨询委员会授权法案》，该法案旨在美国国土安全局（DHS）下属的网络安全和基础设施安全局（CISA）内部成立新的网络安全咨询委员会，对各行业的网络安全威胁信息进行更全面的分析。美国国家安全局（NSA）宣布成立新的网络安全局，并成立网络安全理事会，保护国内组织机构免受境外网络攻击。持续推进国防军事领域的网络安全专门机构建设，例如，美国海军成立新的首席信息安全官办公室，专职负责网络安全和数据战略。同时，美国在网络安全保障中强调与私营部门合作，重视民间"白帽子"在网络安全防御体系中的辅助性作用，形成对公共职能部门和私营部门的双重保护机制。此外，美国各州也在强化网络安全监管机构执法权限，以及网络安全军事力量单元化建制。例如，阿肯色州在 2019 年 6 月宣布

成立阿肯色州计算机科学和网络安全任务组,旨在评估本州网络安全教育规划。

其他国家在推进网络安全保障机制建设中也发挥积极作用。俄罗斯联邦安全局下属机构计算机事故协调中心职权得到扩张,通过域名协调中心得以直接关闭存在网络安全威胁的网站,确保政府对网络空间运行的基本管控能力。波兰拟在2024年组建网络防御部队,该部队的组成人员包括具备网络安全资质的士兵和网络安全技术专家。英国则计划成立国家网络部队(NCF),由英国政府通信总部(GCHQ)和英国国防部(MoD)共同组建,招募黑客对大规模数据库非法访问、传播虚假新闻、网络恐怖分子等网络安全威胁进行报复性反击。

### 7.4.2 完善网络安全体系,供应链安全备受重视

网络基础设施建设在网络时代至关重要,其中,以5G技术为代表的网络关键基础设施的创新与发展掀起了全球范围内网络战略资源的"储备战",网络安全成为国家安全的新内容。各国在网络安全基本法和网络安全战略的基础上逐步细化立法工作内容,将网络主权、漏洞修复及供应链安全置于网络法治建设的重要地位。

2019—2020年,美国联邦政府及其各州政府先后推出网络安全立法、技术标准和国家战略。2019年9月,美国众议院通过了《网络安全漏洞修复法案》(Cybersecurity Vulnerability Remediation Act),参议院和众议院两院通过《情报授权法案》,后者要求政府成立供应链与反间谍风险管理工作组,将包括5G网络安全威胁工作报告等跟踪网络安全威胁态势作为政府长期工作内容。在州层面,纽约州通过《阻止黑客入侵并改善电子数据安全法案》(the Stop Hacks and Improve Electronic Data Security

*Act*),对原有数据泄露通知义务进行延展,要求所有在纽约州开展业务、持有个人信息和数据的法律实体遵守网络安全义务。2019 年 11 月,美国商务部公布了《〈确保信息通信技术与服务供应链安全〉行政令的实施条例草案》和《确保信息通信技术与服务供应链安全》的总统行政令,前者拟赋予商务部长广泛的权力,以审查涉及"外国对手"的信息和通信技术与服务(ICTS)的交易,并建立审查相关交易的流程;后者则旨在禁止交易和使用可能对美国国家安全、外交政策和经济构成威胁的外国信息通信技术和服务。

2019 年 11 月,俄罗斯颁布的《互联网主权法》生效,允许俄罗斯政府在紧急状态等情形下,主动断开俄罗斯境内服务器与国际互联网服务器的链接。该主权法实质上强化了俄罗斯政府对网络空间的行政监管权限。在美俄两国的网络空间管控力度加强的同时,欧洲各国也在部署本国的网络空间治理综合体系。例如,意大利部长会议通过了《国家网络安全便捷法案》,要求本国网络信息服务提供商应当确保网络、信息系统和信息技术服务的安全,否则,将面临高额行政罚款。

### 7.4.3 长臂管辖频繁运用,引发国际关注

网络法治中的管辖权是一国对自身网络安全保障与规范的重要内容。在网络时代,对网络关键基础设施供应链问题,以及对网络用户联系和交往、交易方式问题,有些国家采取了长臂管辖方式,扩大本国法律的适用范围,甚至有个别国家凭借自身技术优势,频繁利用长臂管辖侵蚀国家规则,希望借助国内法替代国际规则。

2020 年 5 月 15 日,美国商务部产业与安全局公布对美国《出口管

制条例》的重大修改，通过对该条例的修改，美国借助"直接产品原则"（Direct Product Rule）进一步扩展了其长臂管辖的范围。该条例通过扩大"直接产品原则"的适用情形，进一步对特定实体清单企业实施定向的战略性限制，以期阻断其获得来自美国境外的利用美国特定技术生产的具有战略意义的产品[1]。2020年5月22日，美国发布了《美国国家安全、出口管制与华为：三个框架下的战略背景》。通过直接产品规则的修订，美国对那些明知该等外国制造产品用于华为（或其在实体清单上的关联方）的外国制造产品实施许可证要求。在这一规则导向下，明知该等外国制造产品最终用于华为或其实体清单上的关联方时，该等基于华为设计而制造的产品无论在哪里生产，只要用了美国商务部管制的半导体生产设备或者软件的，都受美国出口许可证限制[2]。

## 7.5 新技术新业态加速迭代，风险防范机制逐步完善

第四次工业革命推进过程中，新技术、新业态不断涌现，并呈现出持续高速发展态势。传统产品类型与新型技术结合起来，推动了产业发展与产品更新迭代。新技术、新业态的发展在较大程度上回应了公众现实需求，但也带来新风险。各国多通过政策支持推动技术产业发展，同时又通过立法治理技术应用风险。

---

[1] https://www.commerce.gov/news/press-releases/2020/05/commerce-addresses-huaweis-efforts-undermine-entity-list-restricts

[2] https://www.state.gov/wp-content/uploads/2020/05/T-Paper-Series-U.S.-National-Security-Export-Controls-and-Huawei.pdf

## 7.5.1 数字支付立法持续完善,区块链法律监管渐成重心

数字化时代,经济形态的数字化趋势日益明显,数字支付模式渐趋成熟,为保障数字支付的安全性与可靠性,各国将数字支付立法活动提上日程。区块链技术快速发展,成为数字时代法律监管的重心。

2020年1月,新加坡金融管理局(MAS)宣布《支付服务法案》生效。该法案部分目标旨在增强公众对电子支付的信心,并将数字支付令牌服务等新型支付服务也纳入其中。2020年5月,日本《支付服务法》(Payment Service Act,PSA)和《金融工具与交易法》(Financial Instruments and Exchange Act,FIEA)生效。其中,《支付服务法》(PSA)修正案对加密资产交换服务提供商的申请程序、客户资产管理、受委托执行、融资融券交易、广告营销等行为提出了相应要求,还规定了禁止从事的活动和行为。《金融工具与交易法》(FIEA)修正案则将加密资产置于"金融工具"范畴之中,通过区块链可转让的合伙企业的投资权益被视为有价证券,通过I类证券监管模式进行较为严格的监管,向日本投资者提供此类加密资产将被严密审查以避免监管缺陷。同时,禁止利用区块链从事欺诈和欺骗行为、市场操纵和其他与加密资产有关的不当行为。

区块链技术逐渐成为各国法律监管和政策调控的重心。美国政府极为注重区块链发展及应用中存在的问题,从联邦和州两个层面进行了立法。2019年7月,在联邦层面上,有国会议员向美国国会提交了制定《区块链促进法案》(Blockchain Promotion Act)的立法提案。该法案提出要在联邦层面成立区块链工作组,明确区块链的技术定义,推动标准的统一,为联邦使用区块链提供机会。州政府也采取了相应的立法规范,例如,美国内华达州于2019年6月7日和6月13日分别签署了4项"区

块链法案":SB161、SB162、SB163、SB164,采取较为宽松管制立法模式,致力于支持创新和投资。2020 年 1 月,《伊利诺伊州区块链技术法案》(The Blockchain Technology Act)正式生效,该技术法承认商事活动中智能合约与基于区块链技术的电子签名具有法律效力,同时严格限制区块链在复制交易记录或合同副本等领域的应用。

### 7.5.2 绘制人工智能发展蓝图,构造人工智能伦理规范

人工智能具有极为广阔的应用前景,同时又具有难以预测的应用风险,各国希望充分发挥人工智能的积极效应并限制其不当影响,同时管理者希望实现人工智能与人类和谐共处。

**1. 布局人工智能发展战略**

为在未来国家竞争中取得先机,占据优势地位,各国纷纷提升人工智能战略地位。2019 年 10 月,俄罗斯发布了《2030 年前俄罗斯国家人工智能发展战略》,界定了人工智能的发展目标,明确了人工智能应用开发需要遵守的原则,将人工智能发展战略文件内容纳入"俄罗斯联邦数字经济"国家发展计划。2019 年 11 月 13 日,新加坡发布了一项为期 11 年的国家人工智能战略,提出了新加坡未来人工智能发展愿景、方法、重点计划等内容。该战略将成为新加坡实现"智慧国"愿景的重要一步。2020 年 2 月 19 日,欧盟委员会公布了《2020 人工智能白皮书》,旨在促进欧洲在人工智能领域的创新能力,推动道德和可信赖人工智能的发展,希望建立一个"可信赖的人工智能框架",重点聚焦三大目标:研发以人为本的技术;打造公平且具有竞争力的经济;建设开放、民主和可持续的社会。为保障自身在人工智能竞争中占据优势地位,各国在人工智能

领域不断推进战略布局，随着体系化布局的逐步完善，相关立法也将被提上日程，通过具体的规则为人工智能领域内产业的发展提供法治保障。

**2. 明确人工智能应用规范**

规范人工智能应用行为，抑制其应用风险，推动其在社会中友好发展是人工智能发展中的重要议题。2019年11月，欧盟委员会发布了《人工智能和其他新兴技术的责任》报告，就人工智能所引发的法律责任问题进行了分析。2020年1月，美国白宫发布了《人工智能应用规范指南》备忘录草案，对人工智能技术的产业发展与人工智能应用规范进行了深入思考，强调公众层面的信任与参与和诚实与科学使用的方法，指出要进行全面而有效的风险评估机制，兼顾技术投入的收益与成本、灵活性，以及技术可能造成的歧视与不平等，强调信息披露和透明度，以及使用过程的安全性、机构间的协调合作。由于存在人工智能风险的不确定性，各国对待人工智能立法极为谨慎，一般借助指南等指导性文件对其风险进行规范。随着人工智能技术的逐步成熟，其应用风险逐步显现，对其应用进行规范的立法工作也将持续跟进。

### 7.5.3 物联网产业开启新局面，安全保障规则初步形成

物联网的网络稳定与风险防御能力在保障安全应用层面至关重要。为保障物联网产业健康发展，维护用户合法权益，物联网产业安全应用标准的制定已经启动，主要体现在隐私安全和网络安全两个方面。

**1. 物联网市场不断拓展，用户信息保护备受关注**

在物联网的持续推进中，个人数据保护诉求不断增加，并寻求制度回应。根据数据安全解决方案供应商安塞飞公司（nCipher Security）与

调查机构波耐蒙研究所（Ponemon Institute）发布的数据，随着云数据和物联网等数字项目的加速发展，数据量和类型不断增加，保护客户个人信息成为首要任务。2020 年 1 月 1 日，《加利福尼亚州消费者隐私法案》（SB 327）和《俄勒冈州物联网设备安全法》（HB 2395）正式生效，两者皆以保障物联网的安全应用为目标，重点关注制造商的义务。两部法案皆要求制造商将负责为可直接或间接连接到互联网的设备或物理对象添加"合理的安全功能"，该要求旨在保护设备及其包含的信息，防止信息在未经授权的情形下被访问、破坏、使用、修改或泄露。

**2. 物联网风险逐渐显现，安全保障规范亟待制定**

物联网风险的逐步显现与扩散问题对监管者和物联网用户造成重大困扰，物联网应用安全规范的制定被提上日程。2020 年 1 月 9 日，美国参议院通过了《推动物联网创新与发展法案》，要求商务部长召集成立联邦政府间工作组，审查现行政策及司法等是否适合物联网发展，关注物联网安全问题，发现实施障碍，并向国会提出建议和做出报告，以实现更好的物联网连通性。2020 年 1 月 27 日，英国政府宣布将制定新法令来改进物联网设备的安全标准，以应对日益突出的物联网安全问题，新法令将确保所有在英国销售的物联网产品都符合三大安全需求：

（1）所有物联网产品都必须具备独一无二的密码，而且无法重置成任何通用的出厂默认值。

（2）物联网产品的制造商必须提供一个公开的窗口让所有人都能汇报安全漏洞。

（3）要求物联网产品制造商必须明确揭示产品的安全更新时程。

### 3. 加大自动驾驶政策支持，优化技术风险防范体系

随着自动驾驶技术的持续发展，其蕴含的应用价值获得认可，各国在立法与政策层面开始对其提供支持。自动驾驶技术是对传统驾驶技术的革命性变革，自动驾驶产业的持续发展对优化交通布局、提升出行效率意义重大，各国意识到自动驾驶的应用潜力并在政策层面提供支持。2020年1月，美国正式发布了指导性文件《确保美国自动驾驶领先地位：自动驾驶汽车 4.0》，明确了自动驾驶带来的经济和社会效益，列举了美国政府开展的各类投资、促进活动，以及为自动驾驶创新者提供的资源；这一文件展示了美国为保持其自动驾驶地位而采取的政策支持力度。为推动无人驾驶技术投入应用，亦有国家开启了立法进程。2020年7月，德国政府正在准备开启里程碑式的立法。德国交通部表示："新法律框架应在当前立法期间创造先决条件，允许在特定的地理环境下，在公共道路上规范运行自动驾驶汽车。无人驾驶汽车应该被广泛用于各种场景，场景而不必明确规定特定用例，这种灵活性需要考虑到各种形式的驾驶。"该草案涵盖了一个完整的法律框架，目前正在进行修改，有望在2021年得到批准。

# 第 8 章 网络空间国际治理状况

## 8.1 概述

2020年,大国关系深入调整与疫情产生叠加效应,加剧网络空间国际治理的不确定性和脆弱性。大国关系深刻影响网络空间国际治理进程,各国在网络空间角力从网络安全规则博弈向基础信息技术领域下沉,向新兴技术领域延展,网络空间地缘政治化态势增强。非国家行为体和国家行为体在网络空间国际治理中的关系更趋复杂,亟待构建公平正义的网络空间国际治理体系。与此同时,各方也在努力推进合作,特别是新冠肺炎疫情发生以来,各方逐渐认识到有必要通过合作提高应对风险和挑战的能力,推动后疫情时代网络空间秩序建设和社会经济恢复。

面对复杂多变的国际形势,国际社会努力推进网络空间国际治理进程,增进共识。联合国正式开启信息安全政府专家组和开放式工作小组"双轨制"谈判进程,网络空间国际规则讨论继续推进。各方持续加强网络内容治理,推进信息技术治理与标准制定,特别是对信息通信技术(ICT)供应链安全和新技术国际规范的讨论加深,采取措施弥合"数字鸿沟",但数字经济规则博弈较为激烈。世界主要国家和地区将5G、人工智能、量子计算等前沿技术视为科技竞争的制高点,高度重视网络安全、发展和治理,不断完善网络空间政策与战略。美国、欧盟、日本、德国、英国等发达国家和地区通过技术发展和规则制定,竭力维持网络空间竞争优势。中国积极推进公正合理的网络空间国际治理体系建设，推动网络空间命运共同体理念深化落实。俄罗斯持续推动自主可控网络空间安全体系建设，其他发展中国家和地区也积极利用互联网，发展前沿技术，主动参与网络空间国际规则制定。

## 8.2 网络空间国际治理年度突出特征

以互联网为代表的信息技术蓬勃发展，深刻改变国际竞争格局和形态，主要国家和地区的网络空间战略竞争和治理模式竞争日趋激烈。新技术不仅成为各国竞相角逐的关键领域，也为各国合作治理提供契机。疫情进一步凸显了全球治理体系落后、能力弱化、机制欠缺等突出问题，原有网络空间国际治理体系和机制难以适应形势，网络空间国际治理进程处于关键时刻。

### 8.2.1 疫情加剧网络空间国际治理的不确定性和脆弱性

疫情是 21 世纪最大的"黑天鹅"事件，不仅加剧原有国际治理矛盾，还带来新问题新挑战。疫情期间，个别国家发起"疫情信息战"，背弃多边体系，回避国际责任和义务，严重破坏以国际组织为核心的全球治理体系。网络安全事件频发，利用新冠病毒进行恶意攻击、网络勒索和身份窃取的犯罪行为激增。大数据、人工智能、云计算数字技术虽然在疫情监测分析、病毒溯源、防控救治、资源调配等方面发挥了重要作用，但随之而来的数据隐私保护和公共利益平衡问题亟待解决，网络空间治理突出需求和网络空间规则缺失之间的矛盾愈发凸显。今后相当一段时期，各国将主要精力投入疫情防控和经济复苏中，对网络空间国际治理的关注和资源投入或将减少，网络空间国际治理需求与各方投入精力难成正比。国际社会也愈加意识到网络空间国际治理的不确定性和脆弱性，正在努力推动合作，维护网络空间和平、开放和发展。

### 8.2.2 地缘政治深刻影响网络空间国际治理的走向

当前，大国关系深入调整，世界进入转型过渡期，网络空间大国博弈呈现出手段复合化和领域多样化特征，5G技术和互联网应用地缘政治化态势尤为突出。全球范围内逆全球化思潮发酵，单边主义和保护主义肆虐，越来越多国家和地区重视技术主权和数字主权，将人工智能、5G、云计算、量子通信等前沿技术作为国家竞争力的关键，采取保护主义手段提升自主能力。个别国家更是滥用"国家安全"借口，对关键技术实施"断供"和"封锁"，肆意封禁他国互联网应用程序，构建排他性的技术标准和国际规则体系，逼迫他国"选边站队"和划分阵营，破坏信息通信技术供应链安全和秩序，网络空间分裂为多个标准和多套体系风险增大。网络安全成为国家安全和地缘政治重要考量，个别国家采取"断网"方式维护国家安全，APT攻击与地缘政治角力同频，"网络战"成为公开的军事手段之一，网络空间军事化态势愈加突出，网络空间战略稳定面临巨大挑战。尽管地缘政治对网络空间各项治理议题影响愈发凸显，甚至阻碍治理进程，但国际社会各方亦在努力寻求路径，对冲不利影响，增进共识，维护网络空间发展稳定。

### 8.2.3 网络空间国际治理模式面临调整变革

当前，世界多极化、经济全球化、社会信息化、文化多样化深入发展，国际力量格局加速演变，各行为主体意识不断觉醒。疫情客观上推动"国家主义"回归，国家行为主体作用显著上升，如何平衡全球治理责任和国家安全及利益成为国家行为主体面临的重大挑战。信息革命加速权力扩散，治理主体影响力对比发生变化。以超级大型信息科技公司为代表的非国家行为体对世界政治和国际安全影响增强，在新技术新应用治理和网络空间行为规则制定方面发挥作用增多，成为推动网络空间开放合作的重要力量。传统国际组织虽力图在制定数字经济规则和网络空间行为规则方面有所作为，但受治理结构落后、地缘政治、逆全球化等制约。地缘政治、技术发展等对互联网社群履职产生较大影响，技术社群在促进创新发展和技术协议方面的能力一定程度上受国家内部政策法规的约束[1]，多利益攸关方治理模式面临挑战。面对当前形势，网络空间各行为主体提出一些构建网络空间国际规则和治理体系建议。如中国提出的网络空间命运共同体理念主张，为推动构建公平合理网络空间国际治理体系提供有益探索，得到国际社会广泛支持。

## 8.3 网络空间国际治理议题新进展

过去一年，各方持续通过多边平台讨论制定网络安全、数字经济、人工智能等领域规则，双边和区域规则进展相对较快。5G、人工智能、大数据、量子计算等技术不断发展，丰富网络空间治理议题，为各方带来更多合作空间。

---

[1] 蔡翠红. 全球大变局时代的网络空间治理. 探索与争鸣，2019（1）.

### 8.3.1 国际治理规则继续推进

联合国在网络空间国际规则制定中的重要性提升。2019年9月，联合国首次启动信息安全政府专家组和开放式工作小组"双轨制"谈判进程。同年12月，联合国大会通过"防止将信息通信技术用于犯罪目的"决议，正式启动网络犯罪全球性公约谈判进程。各方普遍支持国际法适用于网络空间，呼吁尊重《联合国宪章》，在联合国框架下治理网络空间。但是，国际社会对国际法和《联合国宪章》如何适用于网络空间、网络空间的主权范围及主权维护手段、新兴技术规则、网络攻击溯源和反应等方面的共识有待加强。法国、爱沙尼亚、荷兰等国就国际法适用问题阐明立场并提出政策主张。例如，爱沙尼亚强调国际法应当适用于网络空间，并呼吁各国应该审慎使用网络武器，维护网络主权；荷兰强调在联合国框架下，保证网络空间的开放性、自由性、完整性[1]。

网络空间其他利益相关方亦积极作为，努力构建网络空间国际规则。2019年11月，万维网之父蒂姆·伯纳斯·李创立的万维网基金会发布《互联网契约》，针对网络虚假新闻、侵犯个人隐私、网络暴力、政治操纵等问题，分别从政府、企业、个人3个层面提出了保护互联网的"九大基本原则"，为促进互联网更好发展提供建议[2]。在同月举办的"巴黎和平论坛"上，全球网络空间稳定委员会发表《推进网络空间稳定性》报告，提出维护网络空间稳定的"八项规范"，对网络空间国家与非国家行为体提出了共同的行为规范要求。

---

[1] 王铮. 联合国"双轨制"下全球网络空间规则制定新态势. 中国信息安全，2020（1）.
[2] 郭丰，黄潇怡.《互联网契约》与网络空间国际规则建构. 中国信息安全，2020（1）.

## 8.3.2 数字经济规则博弈激烈

当前,各方围绕数字税、数据跨境流动、数字贸易规则等领域博弈愈发激烈,世界主要国家和地区希望通过区域和双多边协议,奠定数字规则话语权和影响力。

(1)"数字税"征收进程加速,美欧数字分歧显现。截至 2020 年 6 月,已有 22 个国家和地区实施或提议某种形式的数字税[1]。G20 和 OECD 是讨论数字税征收规则的重要国际平台。OECD 正在协调全球 137 个国家和地区进行谈判,推动修改现行跨境税则,应对数字经济发展带来的税制挑战,为 G20 财长会议在 2020 年底前达成统一的数字税征收意见提供支撑。美国同其他国家在营业收入估算、征税方式等问题上僵持不下,认为数字税有意针对美国企业,违反国际贸易规则[2],宣布对欧盟、英国等 10 个国家和地区进行"301 调查",退出 OECD 数字税谈判。除此之外,2020 年 7 月,欧洲法院判决《欧美隐私盾牌》数据转移协定无效,欧美将重新商谈隐私盾传输框架。

(2)数字贸易规则制定呈现区域化和碎片化。在多边磋商一直未取得实质性成果情况下,各方在双边和区域层面商定数字贸易规则有所进展。例如,美国、加拿大和墨西哥签订的《美墨加贸易协定》中有专门一章涉及数字贸易,美国和日本签署了《美日数字贸易协定》。

---

[1] 美欧数字服务税争端升级,见 http://paper.people.com.cn/rmrbwap/html/2020-07/20/nw.D110000renmrb_20200720_7-。

[2] "The U.S. is hurtling toward another trade war — but this time it isn't with China",06/18/2020,https://www.politico.com/news/2020/06/18/europe-us-digital-tax-trade-war-328338

### 8.3.3 网络内容治理渐成共识

近年来,国际社会日益重视网络内容治理。中国自 2020 年 3 月起正式施行《网络信息内容生态治理规定》,突出了"政府、企业、社会、网民"等多元主体参与网络生态治理的主观能动性,重点规范网络信息内容生产者、网络信息内容服务平台、网络信息内容服务使用者以及网络行业组织在网络生态治理中的权利与义务。同年 5 月,法国通过了一项禁止网络仇恨言论的法律,要求谷歌、推特和脸书等平台在 24 小时内删除有标记的仇恨内容,并在 1 小时内删除有标记的恐怖主义宣传。否则,将面临高达 125 万欧元的罚款。2019 年 10 月,新加坡颁布的《防止网络假信息和网络操纵法案》正式生效,政府有权要求个人或网络平台更正或撤下对公共利益造成负面影响的假新闻,违者可被判长达 10 年监禁、罚款最高 10 万新元。2019 年 8 月,七国集团中除美国外签署"自由、开放和安全互联网宪章"[1],旨在打击网络平台中的非法和有害内容。与此同时,脸书、优兔、推特、抖音等大型互联网公司也纷纷加强平台治理,加大打击网上虚假信息力度。

### 8.3.4 信息技术治理与标准制定继续推进

一方面,互联网名称与数字地址分配机构(ICANN)问责和透明度有所提升,组织研究制定根服务器系统治理模式改进方案,扩大多方参与和明确运行机构进入和退出机制;推动隐私保护合规,成立工作组加

---

[1] Charter for a Free, Open, and Safe Internet,on 21 August 2019. https://www.entreprises.gouv.fr/files/files/directions_services/numerique/Charter-for-a-free-open-and-safe-Internet.pdf

快推进新一代域名查询系统（WHOIS）与欧盟等其他隐私保护规定的对接。另一方面，国际社会从技术标准、应用规范等方面加强对 5G、人工智能等技术治理。通信企业、国际电信联盟、国际移动通信标准化组织等机构不断推进 5G 技术标准制定。在人工智能规范领域，2019 年 6 月，中国国家新一代人工智能治理专业委员会发布了《新一代人工智能治理原则》，提出和谐友好、公平公正、包容共享、尊重隐私、安全可控、共担责任、开放协作、敏捷治理八项原则，要求发展负责任的人工智能；同年 10 月，美国防部创新委员会发布了《人工智能原则：国防部人工智能应用伦理的若干建议》，提出了"负责、公平、可追踪、可靠、可控"五大原则。2020 年 2 月，欧盟发布了《人工智能白皮书》，力图促进人工智能应用符合欧盟价值观、基本权利和道德原则。总体来看，人工智能规则总体仍处在探索初期，尚未进入实质性的立法阶段。

## 8.3.5 信息通信技术供应链安全治理讨论加深

近年来，各国围绕新兴技术应用与数字经济发展的竞争日益激烈，对信息通信技术供应链安全关注到达前所未有高度，希望加强信息通信技术供应链安全治理。政府、跨国机构、行业与学术界在内的各类行为体，积极为信息通信技术供应链安全治理献策。

中国政府在联合国开放工作小组谈判中，明确提出供应链安全规则主张：

（1）各国不得利用自身优势，损害别国信息通信技术与服务供应链安全。

（2）各国应要求信息技术产品与服务供应方不得利用提供产品的便

利条件或在产品中设置后门，以非法获取用户数据、控制和操纵用户系统和设备；不得利用用户对产品依赖性谋求不正当利益，强迫用户更新系统或升级换代；供应方应承诺如果发现产品存在严重安全漏洞或缺陷，及时通知合作伙伴与用户。

（3）各国应维护公平、公正、非歧视的营商环境，不应滥用"国家安全"理由限制正常信息通信技术的发展与合作、限制信息通信技术产品的市场准入及高新技术产品出口[1]。

印度提议"避免供应链紧张"的规范，伊朗也提到"所有国家都应享有平等的供应链权利，包括与信息通信技术相关的研发、制造、利用、转让信息通信技术产品和服务"，认为对供应链的平等参与权意味着任何国家不得单边将某一特定国家排除于供应链之外[2]。国际智库也加快研究信息通信技术供应链安全规范，例如，东西方研究所提出，可以通过提升保障、透明度、问责制来确保安全，反对信息通信技术民族主义[3]。卡内基和平基金会提出，企业和政府应基于信任、责任、透明和理解提升信息通信技术供应链可靠性和完整性，相关规则要以非正式的国际倡议或国际文件为基础，通过双边或多边机制的文件体现[4]。当前，各行为主体对信息通信技术供应链安全应承担的责任和义务分歧较大，个别国家将此问题政治化，共识在短时间内难以达成。

---

[1] "OEWG 中方立场文件"，https://www.un.org/disarmament/wp-content/uploads/2019/09/china-submissions-oewg-ch.pdf

[2] 陈徽，夏宇清. 2020 年上半年国际供应链安全形势与对策建议. 中国信息安全，2020（7）。

[3] EastWest Institute,"Weathering TechNationalism: A Security and Trustworthiness Framework to Manage Cyber Supply Chain Risk"，https://www.eastwest.ngo/sites/default/files/ideas-files/weathering-technationalism.pdf.

[4] ARIEL （ELI） LEVITE，ICT Supply Chain Integrity: Principles for Governmental and Corporate Policies，https://carnegieendowment.org/2019/10/04/ict-supply-chain-integrity-principles-for-governmental-and-corporate-policies-pub-79974.

### 8.3.6 国际社会努力弥合数字鸿沟

随着全球移动和固定宽带网络接入和使用率持续上升，不同国家和地区在互联网普及、基础设施建设、技术创新创造、安全风险防范、数字技能掌握等方面的发展极不平衡。疫情再次凸显数字技术的重要性，迫切要求通过科学技术和创新弥合"数字鸿沟"。在联合国层面，国际电信联盟长期支持各国完善政策标准，推动电信基础设施普及、提高宽带接入等，在弥合数字鸿沟中发挥重要作用。2020年4月，联合国发布研究报告《新冠肺炎：强调弥合数字鸿沟的必要性》，提出世界需要一个多边协调机制来应对数字化挑战，包括制定新政策和法规，弥合现有和正在扩大的数字鸿沟，使更多国家能够享受数字红利。疫情期间，联合国发起技术伙伴倡议，帮助发展中国家提升利用数字技术调配资源、扩大生产、获取关键卫生设备的能力。2020年6月，联合国秘书长古特雷斯正式提出"数字合作路线图"，力图推动数字通用连接、促进数字技术成为公共产品、保证数字技术惠及所有人、支持数字能力建设、保障数字领域尊重人权、应对人工智能挑战以及建立数字信任和安全7项任务，并考虑任命一名技术特使，以推动联合国构建全球技术合作框架。在国家层面，中国以共商共建共享原则推动"数字丝绸之路"建设，对推动中亚沿线国家、非洲、拉美等国家和地区的数字基础设施建设，对弥合世界数字鸿沟起到重要作用。

## 8.4 部分代表性国家和地区的网络空间国家治理情况

一年来，面对复杂多变的国际形势，一些国家和地区愈加重视网络空间发展和安全，结合自身情况完善网络空间政策法律体系，加大对人工智能、5G、量子计算等前沿技术的投入，加强个人信息保护，推动网络安全保障体系建设，提升网络空间话语权和影响力。值得注意的是，个别国家为维持优势地位，泛化网络安全问题，产生负面溢出效应，为网络空间开放发展蒙上阴影。

### 8.4.1 美国

2020年，美国不断完善网络空间善政策法律和机构设置，确保其网络空间的优势。

（1）完善机构设置，强化网络空间威慑。美国"网络空间日光浴委员会"提出"分层网络威慑"战略，强化"持续交手"和"防御前置"理念，力图增强美在网络空间的攻击性和威慑力。完善网络安全机构设置，明确网络安全部门职责，美国国家安全局成立网络安全理事会，整合美国情报总监办公室关于网络安全职能，成立"情报网络执行机构"（IC cyber executive），全面加强情报收集、网络防御、网络作战等能力。同时，美加速印太网络军事部署，进行网络攻防演练。

（2）加大支持力度，确保前沿技术领先。美政府将5G、人工智能和量子计算等视为赢得未来的关键新技术。美国参议院和众议院两院密集引入多部相关法案，通过《国家5G安全战略》《2020年5G安全保障法》《安全和可信通信网络法》等，确保在5G竞争优势和安全。美政府发布了《美国人工智能倡议》《人工智能与量子信息科学的研发摘要：2020—2021财政年度》《美国量子网络的战略远景》等，大幅度追加人工智能和量子计算的投资。美国还强化新兴技术规则制定，美国管理与预算办公室发布了《人工智能应用监管指南》草案，为联邦机构和行业部门制定人工智能监管规范提供了若干建议。同时,美国加入 G7"人工智能全球合作伙伴组织",积极参与构建人工智能国际规则。

(3)强调"美国优先",维护网络空间主导权。过去一年,美国泛化国家安全概念,推行单边主义、贸易保护主义,运用"长臂管辖"、动用"实体清单"、发布"清洁网络计划"等,将数字技术政治化。例如,在 5G 开发、利用与合作方面,采取歧视性的做法,打压竞争对手,不仅有悖公平竞争原则,也不利于新技术新应用惠及全人类,阻碍网络空间开放合作。

## 8.4.2 中国

中国加快网络综合治理体系建设,丰富网络空间国际治理理念主张,开展国际交流与合作,构建网络空间伙伴关系。2019 年 10 月,在第六届世界互联网大会期间发布的《携手构建网络空间命运共同体》概念文件和《乌镇展望 2019》成果性文件,大会分论坛发布了《网络主权:理论与实践》成果文件,进一步阐释中国网络空间国际治理理念主张。

(1)努力推进网络空间国际合作。中国以建设性态度积极参与联合国信息安全开放式工作组和政府专家组进程,推动联合国开启打击网络犯罪全球公约讨论进程,积极主办联合国互联网治理论坛开放论坛及参与论坛多利益攸关方咨询组工作。中国与俄罗斯、欧盟、英国、法国、德国、日本、韩国、东盟等国家和地区深化网络空间合作关系,就前沿技术、数字经济、网络犯罪、通信基础设施建设、网络反恐等话题开展对话交流。深入参与上海合作组织、东盟地区论坛框架下网络安全进程,以及二十国集团、亚太经济合作组织数字和网络问题讨论。发起《全球数据安全倡议》,呼吁各国采取措施防范制止利用信息技术破坏或窃取他国关键基础设施重要数据、侵害个人信息，反对滥用信息技术从事针对他国的大规模监控，不强制要求本国企业将境外数据存储在境内，要求企业不在产品和服务中设置后门等，为维护全球数据安全做出承诺，为制定相关全球规则提供一个蓝本。

（2）加快网络综合治理体系建设。中国紧跟国际共识和潮流，完善内容治理、个人信息保护、互联网金融、网络安全等方面的政策和规则，颁布《网络信息内容生态治理规定》《网络安全审查办法》等法规，推动制定个人信息保护法、数据安全法案等。

（3）推动开展数字抗疫国际合作。疫情暴发以来，中国积极落实二十国集团领导人峰会共识，与韩国、日本、俄罗斯、美国、德国、南非等国家，以及多个国际和地区组织开展线上防控经验交流。中国互联网企业为日本、意大利等国家的医疗机构提供智能诊断技术，为柬埔寨等国家提供远程视频会议系统等，共同应对疫情挑战。

### 8.4.3 俄罗斯

俄罗斯在构建自主信息安全体系迈出关键步伐，着力打造自主可控的网络生态体系。

（1）提升网络空间自主可控能力。俄罗斯成功完成"断网"测试，筹建俄罗斯通用通信网络监管中心，确保政府对互联网信息交换线路的监控，确保俄罗斯互联网在面对可持续威胁时顺利运行。

（2）确定个人数据本地化原则。2019 年 12 月，俄罗斯总统普京签署第 405 号联邦法律，进一步加重了对个人数据和信息传播领域内违法行为的处罚力度。将违反数据本地化要求的罚款最高数额提至 1800 万卢布。

(3) 积极参与联合国框架内网络空间国际治理进程。俄罗斯积极推动联合国启动网络犯罪全球性公约谈判。俄罗斯还希望现阶段各国集中精力共同制定网络空间负责任的国家行为准则，充分考虑一些国家关于加强网络空间国家主权、将信息通信技术完全用于和平目的、确保供应链完整以及防止网络空间军事化的建议。

### 8.4.4 欧盟

欧盟致力于强化技术主权，推动欧洲数字化转型，提升欧盟数字治理影响力。

（1）加强顶层设计，提升欧洲数字战略自主性。2020年2月，欧盟委员会公布了《欧洲适应数字化时代总体规划》《人工智能白皮书》和《欧洲数据战略》等文件，将塑造"欧洲的数字未来"作为关键优先任务之一，力图提升欧盟在人工智能、5G、量子计算、大数据等新技术新应用创新能力和规则制定能力，加强欧洲在数字化转型过程中的竞争力和战略自主性。

（2）高度关注 5G 安全，完善网络安全治理框架。欧盟结合自身实际接连发布《5G 网络安全风险评估报告》《5G 网络安全措施工具箱》等，并计划为 5G 网络制定安全标准。2020 年 3 月，爱沙尼亚、波兰、克罗地亚、荷兰、罗马尼亚和立陶宛 6 国建立欧盟快速反应网络部队，提升网络攻击响应能力。同时 8 月，欧盟委员会发布了《欧盟安全联盟战略 2020—2025》，将维护面向未来的安全环境、应对不断发展的威胁、保护欧洲民众免受恐怖主义和有组织犯罪的危害、建立强大的欧洲安全生态系统列为优先事项，并提出具体方案。

（3）强化数字治理，提升数字规则的影响力。欧盟不断完善《通用数据保护条例》规范指南，加强数据保护和隐私监管；发布了《反虚假信息行为准则》指南，要求科技巨头提交每月反虚假信息报告；稳步推进《数字服务法》的制定，明确数字服务责任和义务。欧盟还名义上支持联合国在网络空间国际治理，特别是网络安全规则构建中发挥更大的作用，认为现有包括国际人道法在内的国际法适用于网络空间。

## 8.4.5 日本

日本加速前沿技术发展，强化数据保护，试图构建数字贸易规则标杆。

（1）加强前沿技术的投入、规划和治理。2019 年 6 月，日本发布了《2019 年人工智能战略》，为人工智能发展设定任务目标，推动国际标准制定和人才培养，引领人工智能技术研发和产业发展。2020 年 1 月，日本发布"6G 技术综合战略"草案，表示日本将通过财政支持和税收优惠等手段推动 6G 技术研发，力争在 5 年内实现关键技术突破，拟于 2030 年实现 6G 通信实用化。2020 年 3 月，日本金融监管机构宣布启动全球区块链治理倡议网络，推动全球范围内区块链监管合作。

（2）完善个人数据保护规则，加强科技巨头治理。2019 年 11 月，日本通过了《数字及平台交易透明化法案》，要求互联网企业平台披露设定搜索结果的规则，并提高其交易信息披露的透明度。2020 年 6 月，日本国会通过了《个人信息保护法》修订案，要求平台在向第三方提供互联网浏览历史等个人数据时，必须征得用户同意，进一步加强公民个人信息保护。

（3）试图构建数字贸易国际规则标杆。2019年10月，日本和美国签署《美日数字贸易协定》，确认取消视频、音乐、电子书等电子产品的关税，反对数据本地化，反对强制披露源代码和算法，保障双方数据无障碍传输，两国希望以此提升美日数字贸易水平。

## 8.4.6 英国

英国以"全球英国""数字英国"战略为牵引，通过数字化创新驱动经济社会发展，提升网络安全水平，增强网络空间的全球影响力。

（1）启动数字市场战略。该战略提出将审查谷歌、脸书等主要在线广告平台，考察其市场影响力的来源、收集和使用个人数据的方式以及数字广告的竞争是否为消费者带来利好。

（2）推动数字国际合作。2019年10月，英国与美国共同签署了《澄清域外合法使用数据法》双边合作协议，允许执法部门直接向对方国家的科技公司要求数据服务，消除两国快速收集电子证据的法律障碍。2020年6月，英国发布新的未来科技贸易战略，力推其与亚太地区的跨境数据流动。

（3）提升网络安全防御能力。成立国家网络部队，打击对英国构成威胁的恐怖组织、敌对国家和有组织犯罪集团等。疫情期间，英国国家网络安全中心启动网络安全行动，提供可操作性的建议和指导，保护设备、帐户和密码免受网络攻击。英国政府还呼吁加大对网络安全能力建设的投资，强调尊重国际法在网络空间的适用。

### 8.4.7 法国

法国致力于提升网络空间国际治理的影响力和话语权,并力推欧洲实现网络空间战略自主。在国际治理方面,法国国防部在 2019 年 9 月发布了《网络空间国际法宣言:和平时期网络行动法》的白皮书,阐述其在和平和武装冲突时期《联合国宪章》和《国际人道主义法》在网络空间领域的具体应用的立场。上述白皮书提出,法国将保留对任何可能构成威胁国际法的网络攻击做出回应的权利,对可能构成武装侵略的网络攻击使用自卫权。在数字货币方面,法国认为掌握在私人手中的货币形式将使国家的货币主权受到威胁,还将产生洗钱、恐怖主义、融资和市场支配地位等问题,主张建立欧洲公共数字货币,法国数字货币进入试验阶段。法国还是全球数字税征收的积极倡导者和主要推动者,多次表示无论能否形成数字税国际征收协议,法国都会在 2020 年底正式开征数字税。此外,法国和德国共同支持建立"盖亚—X"的云计算系统,减少对美依赖,实现欧洲数据基础设施的自主安全可靠。

### 8.4.8 德国

德国倡导"数字主权",加大对新兴技术的建设和支持力度,提升网络安全保障能力。

(1)增强网络安全保障能力。德国积极参与北约网络战演习,提升网络空间作战能力;计划修改《信息技术安全法案》,提升硬件安全;建立欧洲最大的应用型网络安全研究中心——国家应用型网络安全研究中心 ATHENE,增强安全保障能力。

（2）加大前沿技术的投资和支持。2019 年 9 月，德国出资 5 亿欧元用于人工智能领域的研究与应用，并计划在 2022 年之前为德国的人工智能研究机构提供 1.28 亿欧元资金支持。此外，德国发布区块链战略，希望利用区块链技术，促进经济社会数字化转型。

（3）提升网络空间治理能力。德国总理默克尔在第十四届联合国互联网治理论坛上，强调网络空间坚持多边主义和"数字主权"，呼吁在联合国框架下，重构网络秩序，建立互联互通的网络空间。德国还加大对大型科技企业监管。2020 年 1 月，德国联邦卡特尔局要求采用新机制，有效限制大型科技企业，保护小型企业市场地位和消费者权益。

## 8.4.9 印度

印度建立严格数据本地化措施，加强对网络空间的管理。2019 年 12 月，印度内阁通过了《个人数据保护法案》，要求公司必须将个人敏感数据存储在印度境内服务器上，以立法的形式确立了数据本地化原则。印度政府频繁采取"断网"措施平息国内矛盾和骚乱。2019 年 12 月，印度因在克什米尔地区废止印度宪法第 370 条以及颁布《公民身份（修订）法》的决定，导致部分地区发生暴力抗议活动，政府下令"断网"平息骚乱。印度计划通过修改监管规则来提升自身网络空间竞争力。2020 年 1 月，印度政府提出对《信息技术[中介指南（修正案）]规则 2018》草案进行修改，加强对大型社交媒体公司内容监管。同年 6 月，以"破坏国家安全和公共秩序"为借口，禁用中国应用程序。同年 8 月，印度政府力推强制共享非个人数据相关法案。在参与网络空间国际治理方面，印度主张在国际安全的背景下讨论网络空间国际法的使用，确保所有国家都能在联合国的主持下平等地讨论法律议题和事项。印度希望在联合国内部建立一个常设机构或联合国开放式工作小组的附属机构,制定网络空间负责任的行为规则、规范和原则,并确定执行方式及国际法适用方式。

### 8.4.10 澳大利亚

澳大利亚重视个人数据保护和网络安全,推进区块链等新技术治理,积极深化同美在网络空间关系。澳大利亚接连通过《竞争与消费者数据权力法则》《消费者数据权利合规与执行政策》,制定、明确数据可携权的问题,消费者数据安全以及构建开放银行模式下的数据共享框架等问题。2020年8月,澳大利亚政府发布了《网络安全战略》,计划在10年内投资16.7亿美元,用于提升网络安全保障和执法能力,从政府、企业和社区3个方面提出愿景,希望政府加强对个人、企业和关键基础设施的保护,企业要确保其产品和服务安全,社区提升公众网络安全的认识。2020年3月,澳大利亚政府公布了国家区块链路线图《迈向区块链赋能的未来》,试图加强对区块链产业监管、技能培训和能力建设,提升产业竞争力。为强化与美国在网络空间的协作,澳大利亚计划修订《电信窃听和接入法案》,加强与美国在网络执法方面的合作,并在5G发展、网络空间国际规则进程中与美国保持一致。

### 8.4.11 拉美地区

拉美地区移动互联网发展迅速,各国大力发展人工智能、物联网等前沿技术,网络安全基础较薄弱,地区发展不平衡现象较为突出,巴西在网络空间国际治理领域较为活跃。2019年6月,巴西国家电信局"阿纳特尔"(Anatel)批准了"电信网络结构计划",扩大宽带接入。同年7

月，巴西参议院批准将数字平台中的数据保护纳入国家宪法规定的基本权利和个人公民保障清单中，并成立数字治理和信息安全委员会。在基础设施管理方面，巴西发布国家物联网计划，设立咨询机构物联网厅，促进在巴西各领域物联网的发展和实施。阿根廷高度重视网络安全问题，提高数据治理水平，发布了《网络安全战略》，设立网络安全委员会，在网络安全监管框架、保护关键信息基础设施以及加强国际合作等方面明确网络安全战略目标。阿根廷数字保护局发布多项决议明确个人数据保护执行标准。智利也积极推进数据保护立法，与欧盟加强数据保护和跨境流动对话合作，并以观察员身份加入欧洲理事会《关于个人数据自动化处理的个人保护公约》。

### 8.4.12 非洲地区

非洲互联网发展起步晚、普及快。南非、尼日利亚的网络治理实践走在非洲的前沿。2019 年 7 月，南非政府出台了《网络罪行条例草案》，将盗窃和干扰数据定为犯罪。南非政府还加强对加密货币监管。2020 年 4 月，南非最大的金融监管机构联合发布政策文件，对加密货币监管提出建议。尼日利亚十分注重数据保护，继发布《尼日利亚数据保护条例（2019）》后又发布了《数据保护实施框架草案》，进一步细化了数据保护条例。非洲联盟加快推进网络空间治理进程。2019 年 10 月，非盟负责通信信息的部长召开会议，确认数字技术和创新在实现非洲联盟《2063 年议程》和联合国可持续发展目标方面的作用，利用数字非洲政策和监管倡议（PRIDA）数字平台，建立非洲共同立场，协调并向各利益攸关方分配角色，分享经验和最佳实践。

当今世界正处于百年未有之大变局，新一轮科技革命和产业变革给国际社会带来前所未有的机遇和挑战。新技术新应用新业态新模式的发展成为国家间竞争的催化剂，网络空间开放面临前所未有的冲击，国际互联网治理体系进入关键时刻。在此背景下，国际社会应该相互尊重，求同存异，沟通协作，谋求共同福祉，应对共同挑战，推动技术进步，治理有效，让互联网更好造福世界各国人民，携手构建网络空间命运共同体！

# 后 记

在本报告撰写过程中，我们深切感受到，当今时代，信息技术革命持续演进，全球信息技术创新高度活跃，互联网深刻改变着人类的生产和生活方式，特别是肆虐全球的新冠肺炎疫情，让互联网变得更加重要，当今世界越来越成为"你中有我、我中有你"的命运共同体。互联网全球共享共治，是历史之机遇，更是时代之使命。我们希望通过《世界互联网发展报告 2020》（以下简称《报告》），全面展现过去一年来全球互联网发展现状，用中国视角解读互联网发展的全球态势，更好地实现网络空间发展共同推进、安全共同维护、治理共同参与、成果共同分享。

《报告》的编撰得到了中共中央网络安全和信息化委员会办公室（以下简称中央网信办）的指导和支持。中央网信办领导对《报告》给予了具体指导，各有关部委、网信办各局各单位、各省网信办对《报告》编写工作特别是相关数据和素材内容的提供给予了大力支持。《报告》由中国网络空间研究院牵头，组织国家计算网络与信息安全管理中心、北京邮电大学、国家工业信息安全发展研究中心、北京大学、清华大学、中国信息通信研究院、北京航空航天大学等机构共同编撰。方滨兴、周宏仁、王益民、史安斌、杜跃进、陈恺、张力等专家学者在编写过程中提出了宝贵意见。参与人员主要包括夏学平、方欣欣、李欲晓、宣兴章、邹潇湘、廖瑾、程义峰、姜伟、江洋、南婷、王忠儒、王海龙、袁新、李晓娇、贾朔维、陈静、徐雨、肖铮、吴巍、赵高华、赵蕾、蔡杨、孙路漫、李玮、王花蕾、王丽颖、陈凤仙、黄鹏、牟春波、孙颖、金钟、种丹丹、武延军、张学俊、闻经纬、石晓龙、陈小刚、高太山、王伟、张楠、黄梅银、王沛楠、徐原、楼书逸、王适文、温百华、郭丰、赵精武、周瑞珏、米伊尔别克·赛力克、李艳、戴丽娜等。

《报告》的顺利出版也离不开社会各界的大力支持和帮助，但鉴于研究水平、工作经验和编写时间有限，《报告》难免存在疏漏和不足之处。为此，我们殷切地希望国内外政府部门、国际组织、科研院所、互联网企业、社会团体等各界人士对《报告》提出宝贵的意见和建议，以便今后把《报告》编撰得更好，为全球互联网发展贡献智慧和力量。

中国网络空间研究院

2020 年 10 月